NAME ______________________________

SCHOOL ______________________________

YEAR ______________________________

PHONE ______________________________

CLASS ______________________________

2022

January

MON	TUE	WED	THU	FRI	SAT	SUN
					1	2
3	4	5	6	7	8	9
10	11	12	13	14	15	16
17	18	19	20	21	22	23
24	25	26	27	28	29	30
31						

February

MON	TUE	WED	THU	FRI	SAT	SUN
	1	2	3	4	5	6
7	8	9	10	11	12	13
14	15	16	17	18	19	20
21	22	23	24	25	26	27
28						

March

MON	TUE	WED	THU	FRI	SAT	SUN
	1	2	3	4	5	6
7	8	9	10	11	12	13
14	15	16	17	18	19	20
21	22	23	24	25	26	27
28	29	30	31			

April

MON	TUE	WED	THU	FRI	SAT	SUN
				1	2	3
4	5	6	7	8	9	10
11	12	13	14	15	16	17
18	19	20	21	22	23	24
25	26	27	28	29	30	

May

MON	TUE	WED	THU	FRI	SAT	SUN
						1
2	3	4	5	6	7	8
9	10	11	12	13	14	15
16	17	18	19	20	21	22
23	24	25	26	27	28	29
30	31					

June

MON	TUE	WED	THU	FRI	SAT	SUN
		1	2	3	4	5
6	7	8	9	10	11	12
13	14	15	16	17	18	19
20	21	22	23	24	25	26
27	28	29	30			

July

MON	TUE	WED	THU	FRI	SAT	SUN
				1	2	3
4	5	6	7	8	9	10
11	12	13	14	15	16	17
18	19	20	21	22	23	24
25	26	27	28	29	30	31

August

MON	TUE	WED	THU	FRI	SAT	SUN
1	2	3	4	5	6	7
8	9	10	11	12	13	14
15	16	17	18	19	20	21
22	23	24	25	26	27	28
29	30	31				

September

MON	TUE	WED	THU	FRI	SAT	SUN
			1	2	3	4
5	6	7	8	9	10	11
12	13	14	15	16	17	18
19	20	21	22	23	24	25
26	27	28	29	30		

October

MON	TUE	WED	THU	FRI	SAT	SUN
					1	2
3	4	5	6	7	8	9
10	11	12	13	14	15	16
17	18	19	20	21	22	23
24	25	26	27	28	29	30
31						

November

MON	TUE	WED	THU	FRI	SAT	SUN
	1	2	3	4	5	6
7	8	9	10	11	12	13
14	15	16	17	18	19	20
21	22	23	24	25	26	27
28	29	30				

December

MON	TUE	WED	THU	FRI	SAT	SUN
			1	2	3	4
5	6	7	8	9	10	11
12	13	14	15	16	17	18
19	20	21	22	23	24	25
26	27	28	29	30	31	

2023

January

MON	TUE	WED	THU	FRI	SAT	SUN
						1
2	3	4	5	6	7	8
9	10	11	12	13	14	15
16	17	18	19	20	21	22
23	24	25	26	27	28	29
30	31					

February

MON	TUE	WED	THU	FRI	SAT	SUN
		1	2	3	4	5
6	7	8	9	10	11	12
13	14	15	16	17	18	19
20	21	22	23	24	25	26
27	28					

March

MON	TUE	WED	THU	FRI	SAT	SUN
		1	2	3	4	5
6	7	8	9	10	11	12
13	14	15	16	17	18	19
20	21	22	23	24	25	26
27	28	29	30	31		

April

MON	TUE	WED	THU	FRI	SAT	SUN
					1	2
3	4	5	6	7	8	9
10	11	12	13	14	15	16
17	18	19	20	21	22	23
24	25	26	27	28	29	30

May

MON	TUE	WED	THU	FRI	SAT	SUN
1	2	3	4	5	6	7
8	9	10	11	12	13	14
15	16	17	18	19	20	21
22	23	24	25	26	27	28
29	30	31				

June

MON	TUE	WED	THU	FRI	SAT	SUN
			1	2	3	4
5	6	7	8	9	10	11
12	13	14	15	16	17	18
19	20	21	22	23	24	25
26	27	28	29	30		

July

MON	TUE	WED	THU	FRI	SAT	SUN
					1	2
3	4	5	6	7	8	9
10	11	12	13	14	15	16
17	18	19	20	21	22	23
24	25	26	27	28	29	30
31						

August

MON	TUE	WED	THU	FRI	SAT	SUN
	1	2	3	4	5	6
7	8	9	10	11	12	13
14	15	16	17	18	19	20
21	22	23	24	25	26	27
28	29	30	31			

September

MON	TUE	WED	THU	FRI	SAT	SUN
				1	2	3
4	5	6	7	8	9	10
11	12	13	14	15	16	17
18	19	20	21	22	23	24
25	26	27	28	29	30	

October

MON	TUE	WED	THU	FRI	SAT	SUN
						1
2	3	4	5	6	7	8
9	10	11	12	13	14	15
16	17	18	19	20	21	22
23	24	25	26	27	28	29
30	31					

November

MON	TUE	WED	THU	FRI	SAT	SUN
		1	2	3	4	5
6	7	8	9	10	11	12
13	14	15	16	17	18	19
20	21	22	23	24	25	26
27	28	29	30			

December

MON	TUE	WED	THU	FRI	SAT	SUN
				1	2	3
4	5	6	7	8	9	10
11	12	13	14	15	16	17
18	19	20	21	22	23	24
25	26	27	28	29	30	31

CONTACT List

Class ________________________

ROLL	Phone Or Email	Name

Notes : ________________________

CONTACT List

Class ___________________________

ROLL	Phone Or Email	Name

Notes : ___________________________

____

____

AUGUST 2022

MONDAY	TUESDAY	WEDNESDAY	THURSDAY	FRIDAY

MONDAY	TUESDAY	WEDNESDAY	THURSDAY	FRIDAY

OCTOBER 2022

MONDAY	TUESDAY	WEDNESDAY	THURSDAY	FRIDAY

2022 NOVEMBER

MONDAY	TUESDAY	WEDNESDAY	THURSDAY	FRIDAY

DECEMBER 2022

MONDAY	TUESDAY	WEDNESDAY	THURSDAY	FRIDAY

2023 JANUARY

MONDAY	TUESDAY	WEDNESDAY	THURSDAY	FRIDAY

FEBRUARY 2023

MONDAY	TUESDAY	WEDNESDAY	THURSDAY	FRIDAY

2023 MARCH

MONDAY	TUESDAY	WEDNESDAY	THURSDAY	FRIDAY

APRIL 2023

MONDAY	TUESDAY	WEDNESDAY	THURSDAY	FRIDAY

2023 MAY

MONDAY	TUESDAY	WEDNESDAY	THURSDAY	FRIDAY

JUNE 2023

MONDAY	TUESDAY	WEDNESDAY	THURSDAY	FRIDAY

2023 JULY

MONDAY	TUESDAY	WEDNESDAY	THURSDAY	FRIDAY

TIMETABLE

LESSON	M	TU	W	TH	F
1					
2					
3					
4					
5					
6					
7					
8					

ASSESSMENT

SUBJECT														

ASSESSMENT

ASSESSMENT

ASSESSMENT

ASSESSMENT

ASSESSMENT

SUBJECT														

ASSESSMENT

ASSESSMENT

ASSESSMENT

SUBJECT														

ASSESSMENT

<table>
<tr><td>SUBJECT</td><td></td><td></td><td></td><td></td><td></td><td></td><td></td><td></td><td></td><td></td><td></td><td></td><td></td><td></td></tr>
</table>

ASSESSMENT

SUBJECT

ASSESSMENT

ASSESSMENT

ASSESSMENT

ASSESSMENT

Academic planner

Date:

M T W T F S S

Time	
6 AM	
7 AM	
8 AM	
9 AM	
10 AM	
11 AM	
12 PM	
1 PM	
2 PM	
3 PM	
4 PM	
6 PM	
7 PM	
8 PM	

IMPORTANT

COURSES OF STUDY

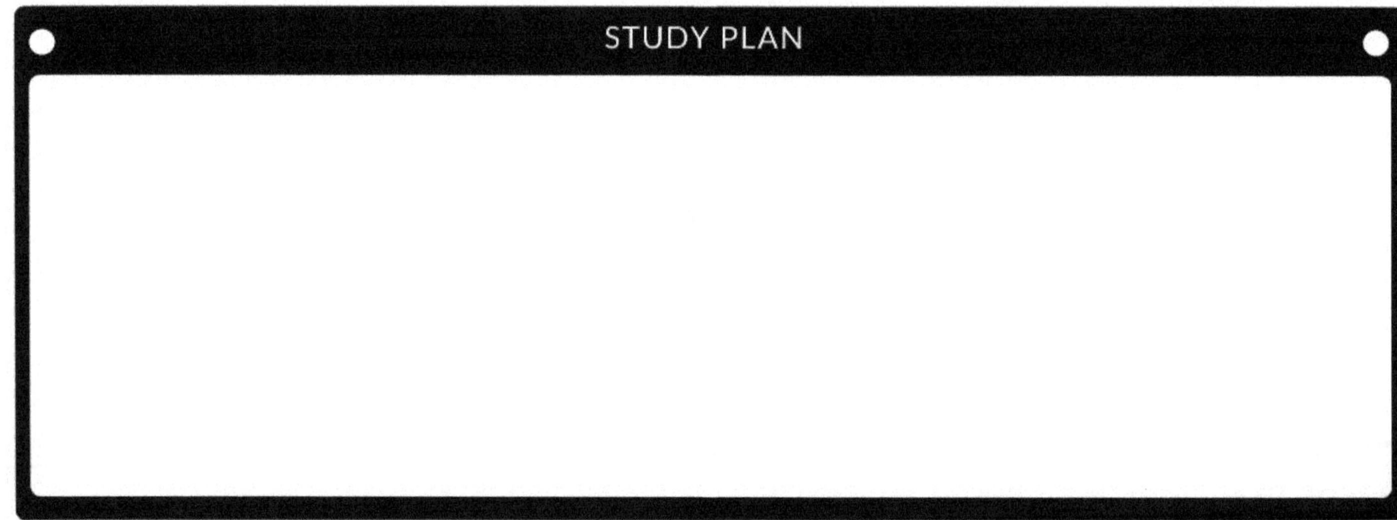

STUDY PLAN

Academic planner

Date:
____

M   T   W   T   F   S   S
●   ●   ●   ●   ●   ●   ●

Time	
6 AM	
7 AM	
8 AM	
9 AM	
10 AM	
11 AM	
12 PM	
1 PM	
2 PM	
3 PM	
4 PM	
6 PM	
7 PM	
8 PM	

IMPORTANT

COURSES OF STUDY

STUDY PLAN

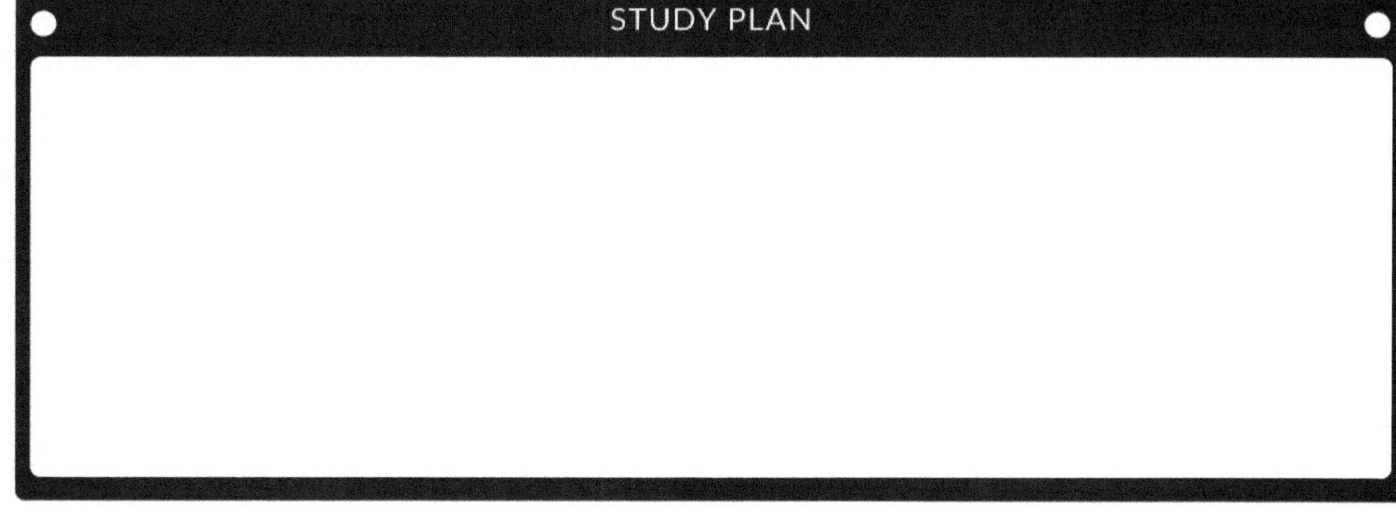

Academic planner

M T W T F S S

Time	
6 AM	
7 AM	
8 AM	
9 AM	
10 AM	
11 AM	
12 PM	
1 PM	
2 PM	
3 PM	
4 PM	
6 PM	
7 PM	
8 PM	

IMPORTANT

COURSES OF STUDY

STUDY PLAN

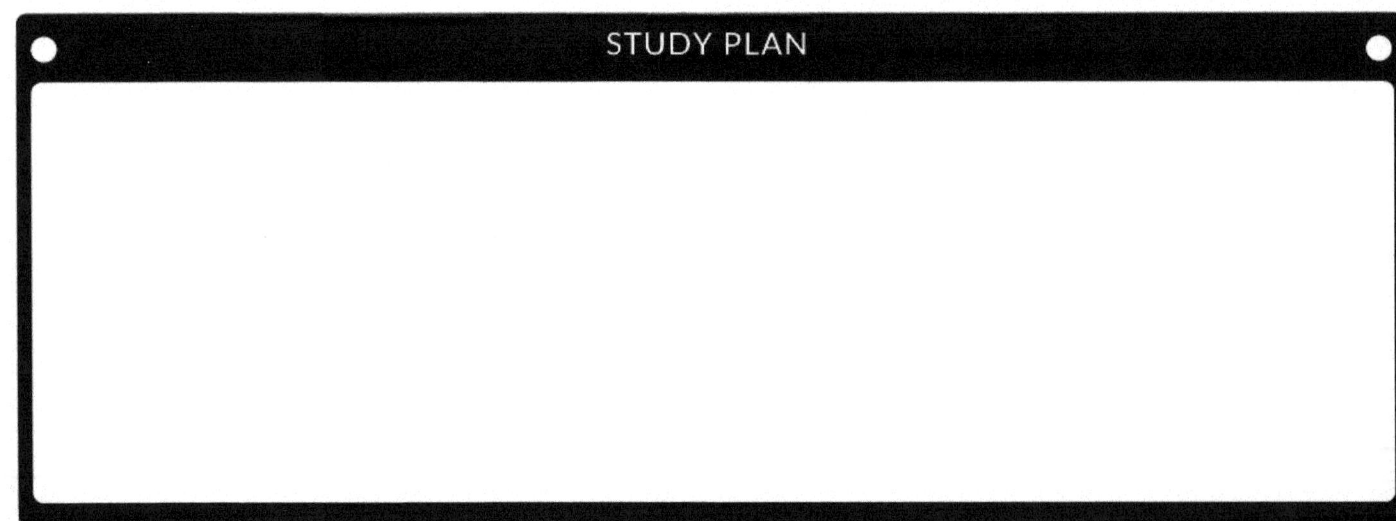

Academic planner

Date:

M T W T F S S
● ● ● ● ● ● ●

6 AM	
7 AM	
8 AM	
9 AM	
10 AM	
11 AM	
12 PM	
1 PM	
2 PM	
3 PM	
4 PM	
6 PM	
7 PM	
8 PM	

Academic planner

Date:

M T W T F S S

| 6 AM |
| 7 AM |
| 8 AM |
| 9 AM |
| 10 AM |
| 11 AM |
| 12 PM |
| 1 PM |
| 2 PM |
| 3 PM |
| 4 PM |
| 6 PM |
| 7 PM |
| 8 PM |

IMPORTANT

COURSES OF STUDY

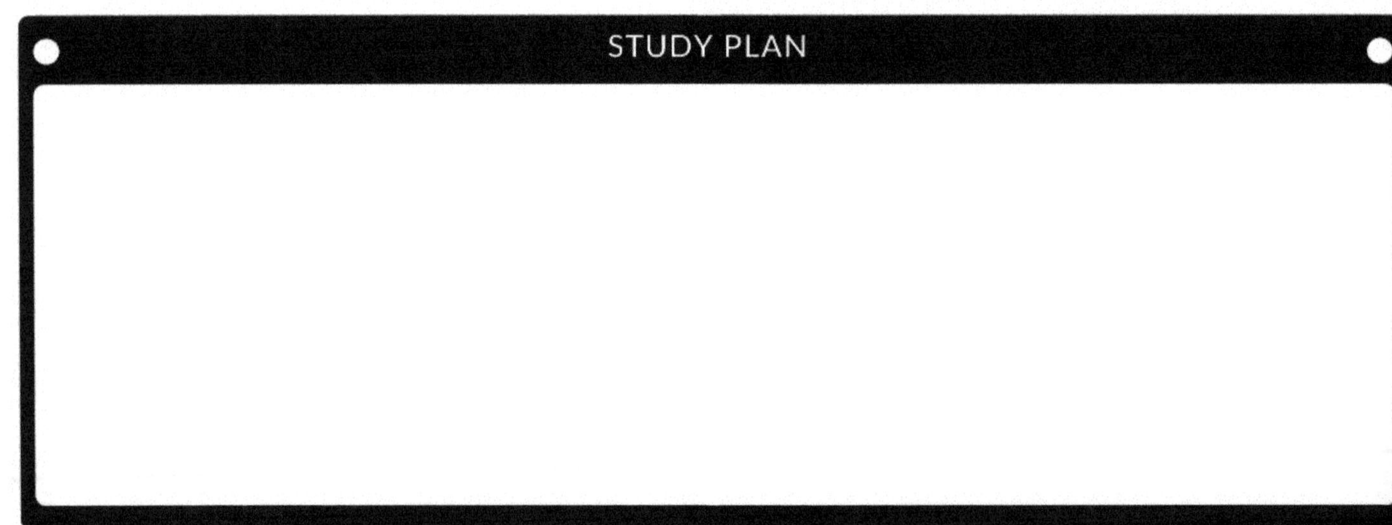

STUDY PLAN

Academic planner

Date:
____

M T W T F S S
● ● ● ● ● ● ●

Time	
6 AM	
7 AM	
8 AM	
9 AM	
10 AM	
11 AM	
12 PM	
1 PM	
2 PM	
3 PM	
4 PM	
6 PM	
7 PM	
8 PM	

IMPORTANT

COURSES OF STUDY

STUDY PLAN

Academic planner

Date:

M T W T F S S

6 AM	
7 AM	
8 AM	
9 AM	
10 AM	
11 AM	
12 PM	
1 PM	
2 PM	
3 PM	
4 PM	
6 PM	
7 PM	
8 PM	

IMPORTANT

COURSES OF STUDY

STUDY PLAN

Academic planner

Date:
____

M   T   W   T   F   S   S

6 AM

7 AM

8 AM

9 AM

10 AM

11 AM

12 PM

1 PM

2 PM

3 PM

4 PM

6 PM

7 PM

8 PM

IMPORTANT

COURSES OF STUDY

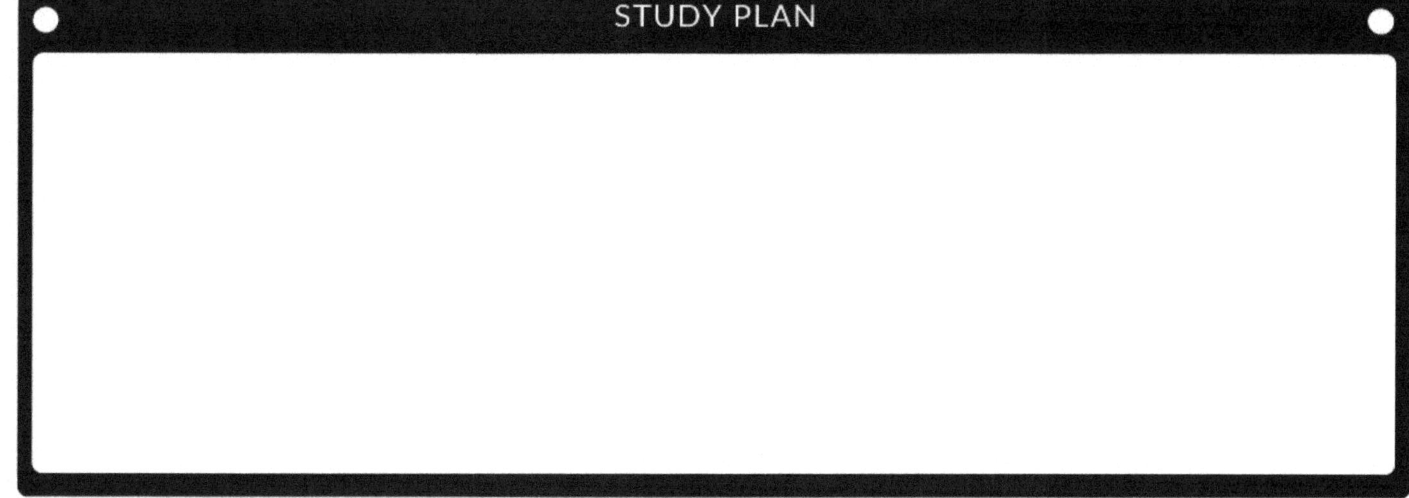

STUDY PLAN

Academic planner

Time	
6 AM	
7 AM	
8 AM	
9 AM	
10 AM	
11 AM	
12 PM	
1 PM	
2 PM	
3 PM	
4 PM	
6 PM	
7 PM	
8 PM	

IMPORTANT

COURSES OF STUDY

STUDY PLAN

Academic planner

Date:

M T W T F S S

Time	
6 AM	
7 AM	
8 AM	
9 AM	
10 AM	
11 AM	
12 PM	
1 PM	
2 PM	
3 PM	
4 PM	
6 PM	
7 PM	
8 PM	

IMPORTANT

COURSES OF STUDY

STUDY PLAN

Academic planner

Date:

| M | T | W | T | F | S | S |

| 6 AM |
| 7 AM |
| 8 AM |
| 9 AM |
| 10 AM |
| 11 AM |
| 12 PM |
| 1 PM |
| 2 PM |
| 3 PM |
| 4 PM |
| 6 PM |
| 7 PM |
| 8 PM |

IMPORTANT

COURSES OF STUDY

STUDY PLAN

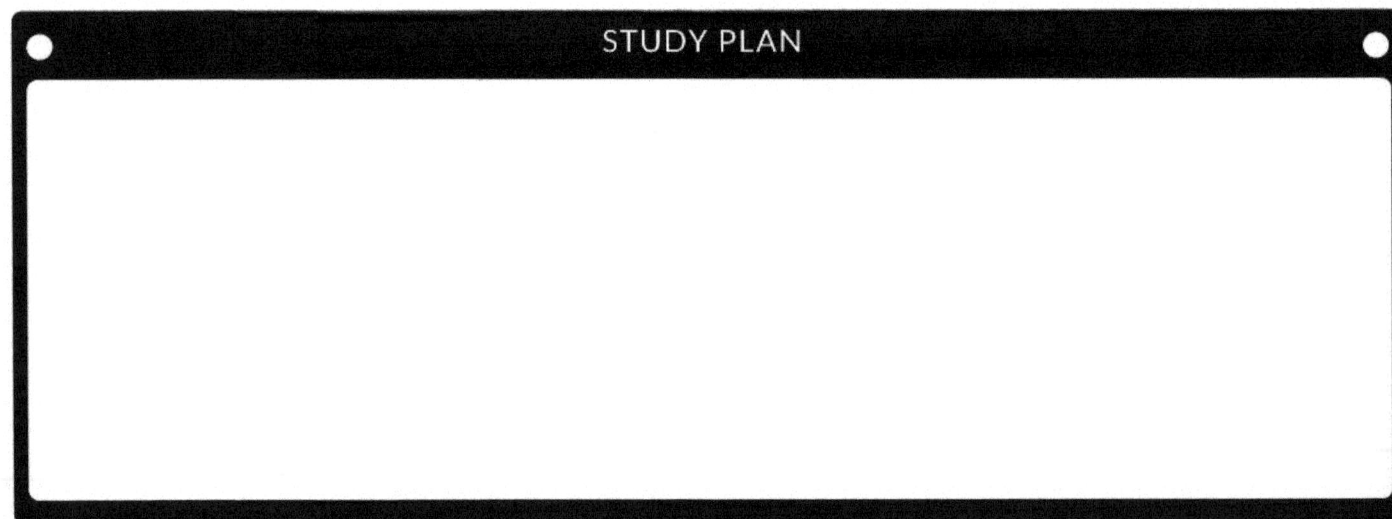

Academic planner

Date:

M T W T F S S

Schedule

6 AM

7 AM

8 AM

9 AM

10 AM

11 AM

12 PM

1 PM

2 PM

3 PM

4 PM

6 PM

7 PM

8 PM

IMPORTANT

COURSES OF STUDY

STUDY PLAN

Academic planner

Date:
____

M T W T F S S

6 AM	
7 AM	
8 AM	
9 AM	
10 AM	
11 AM	
12 PM	
1 PM	
2 PM	
3 PM	
4 PM	
6 PM	
7 PM	
8 PM	

IMPORTANT

COURSES OF STUDY

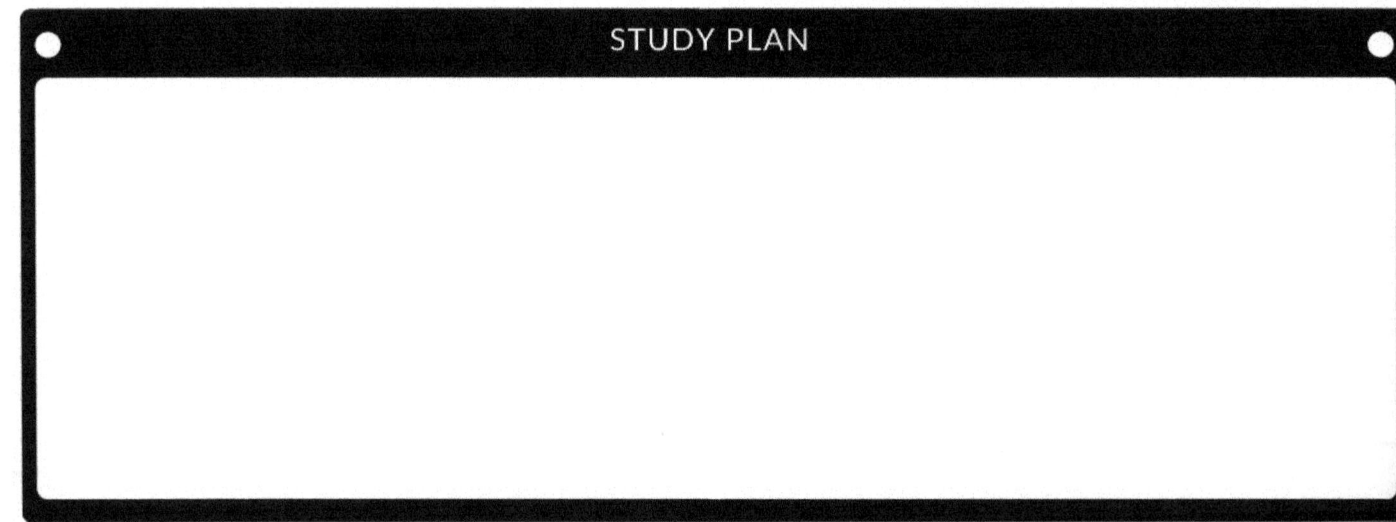

STUDY PLAN

Academic planner

Date:
____

M T W T F S S

Time	
6 AM	
7 AM	
8 AM	
9 AM	
10 AM	
11 AM	
12 PM	
1 PM	
2 PM	
3 PM	
4 PM	
6 PM	
7 PM	
8 PM	

IMPORTANT

COURSES OF STUDY

STUDY PLAN

Academic planner

Date:

M T W T F S S

6 AM

7 AM

8 AM

9 AM

10 AM

11 AM

12 PM

1 PM

2 PM

3 PM

4 PM

6 PM

7 PM

8 PM

IMPORTANT

COURSES OF STUDY

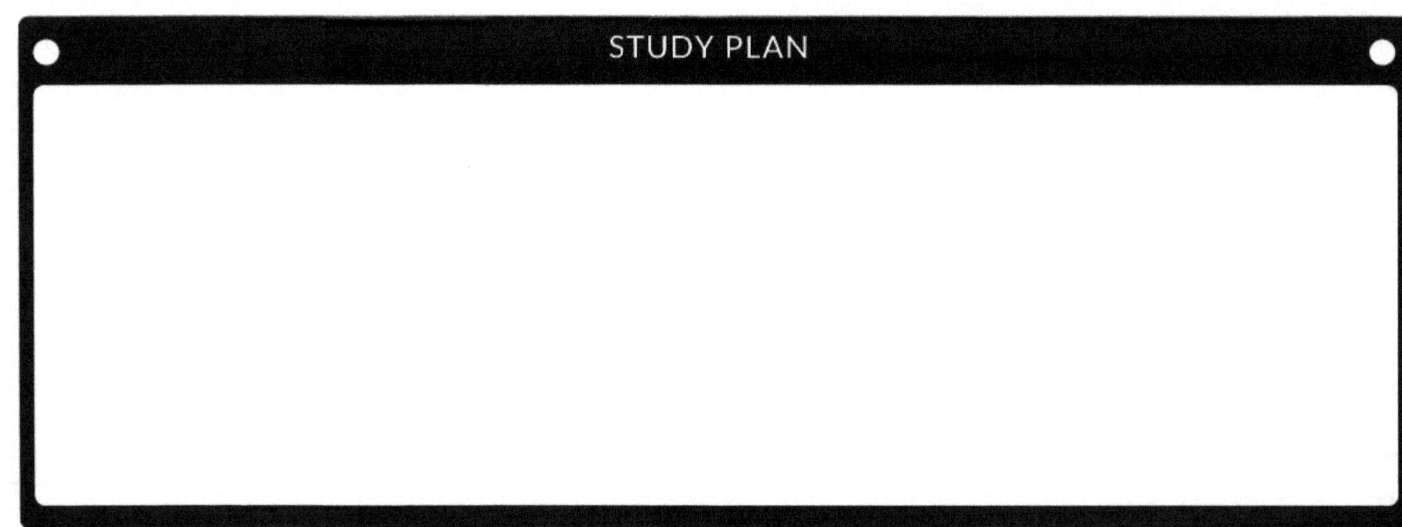

STUDY PLAN

Academic planner

Date:

M T W T F S S

Time	
6 AM	
7 AM	
8 AM	
9 AM	
10 AM	
11 AM	
12 PM	
1 PM	
2 PM	
3 PM	
4 PM	
6 PM	
7 PM	
8 PM	

IMPORTANT

COURSES OF STUDY

STUDY PLAN

Academic planner

Date:
____

M   T   W   T   F   S   S

6 AM	
7 AM	
8 AM	
9 AM	
10 AM	
11 AM	
12 PM	
1 PM	
2 PM	
3 PM	
4 PM	
6 PM	
7 PM	
8 PM	

IMPORTANT

COURSES OF STUDY

STUDY PLAN

Academic planner

Date:
____

M   T   W   T   F   S   S

Time	
6 AM	
7 AM	
8 AM	
9 AM	
10 AM	
11 AM	
12 PM	
1 PM	
2 PM	
3 PM	
4 PM	
6 PM	
7 PM	
8 PM	

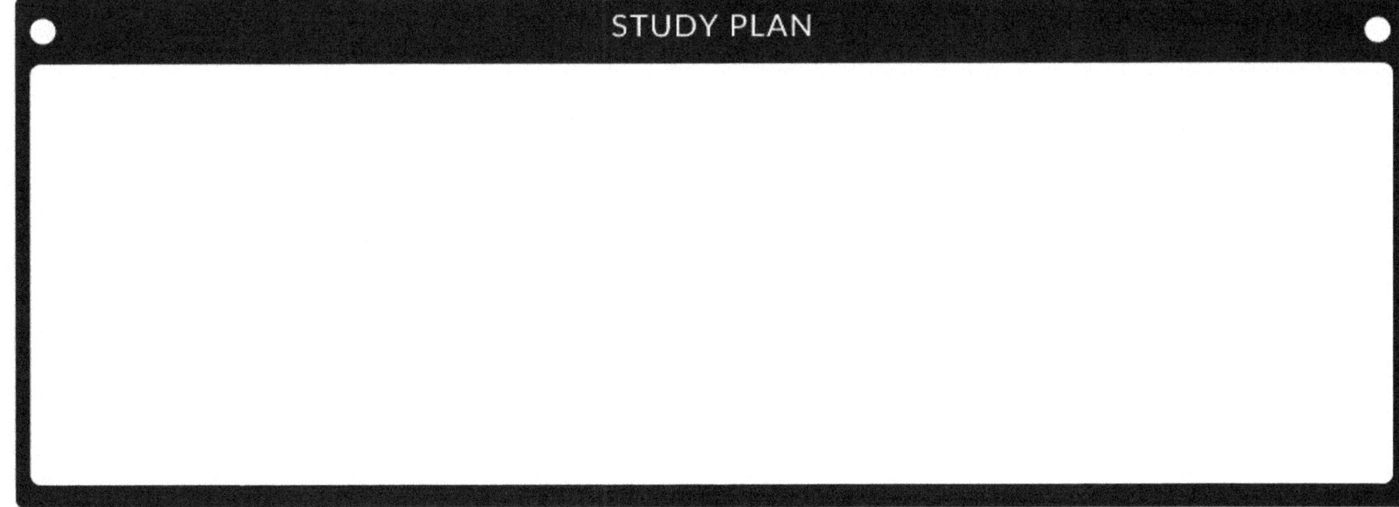

Academic planner

Date:
____

M T W T F S S

IMPORTANT

COURSES OF STUDY

6 AM

7 AM

8 AM

9 AM

10 AM

11 AM

12 PM

1 PM

2 PM

3 PM

4 PM

6 PM

7 PM

8 PM

Academic planner

Date:

M T W T F S S

Time	
6 AM	
7 AM	
8 AM	
9 AM	
10 AM	
11 AM	
12 PM	
1 PM	
2 PM	
3 PM	
4 PM	
6 PM	
7 PM	
8 PM	

IMPORTANT

COURSES OF STUDY

STUDY PLAN

Academic planner

Date:
____

M T W T F S S

6 AM	
7 AM	
8 AM	
9 AM	
10 AM	
11 AM	
12 PM	
1 PM	
2 PM	
3 PM	
4 PM	
6 PM	
7 PM	
8 PM	

IMPORTANT

COURSES OF STUDY

STUDY PLAN

Academic planner

Date:

M T W T F S S

6 AM	
7 AM	
8 AM	
9 AM	
10 AM	
11 AM	
12 PM	
1 PM	
2 PM	
3 PM	
4 PM	
6 PM	
7 PM	
8 PM	

IMPORTANT

COURSES OF STUDY

STUDY PLAN

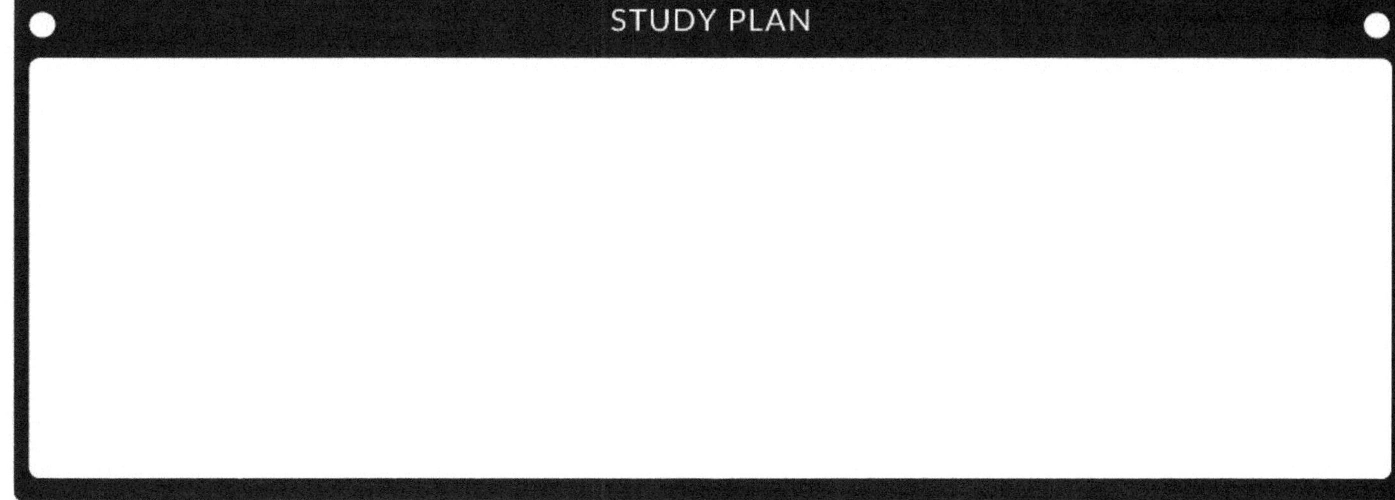

Academic planner

Date: ________________

M   T   W   T   F   S   S

Time	
6 AM	
7 AM	
8 AM	
9 AM	
10 AM	
11 AM	
12 PM	
1 PM	
2 PM	
3 PM	
4 PM	
6 PM	
7 PM	
8 PM	

IMPORTANT

COURSES OF STUDY

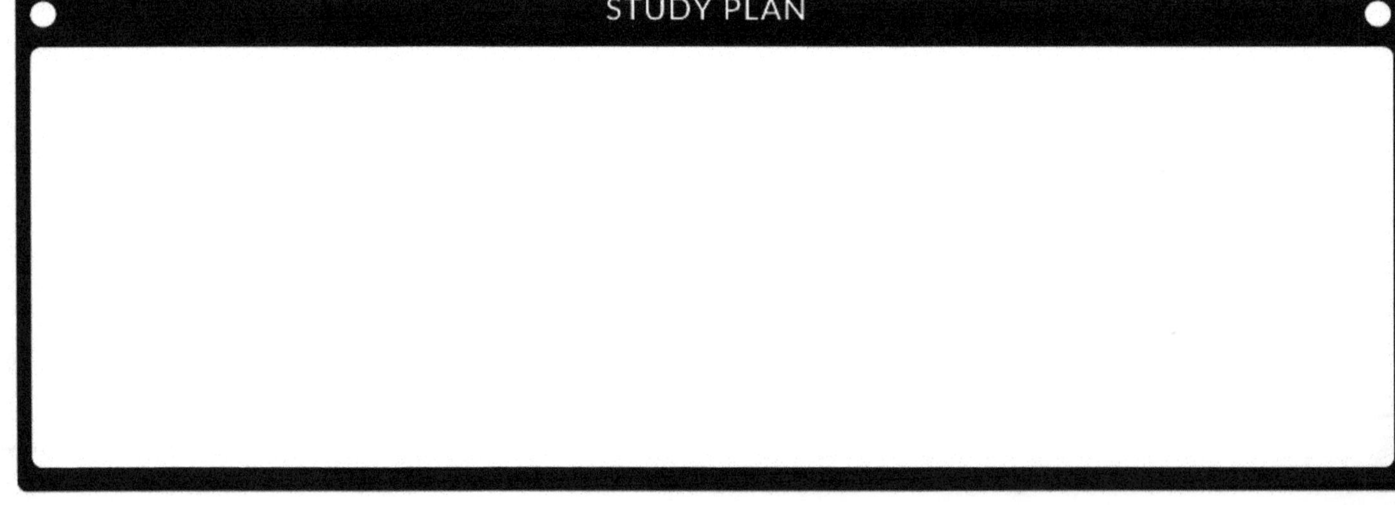

STUDY PLAN

Academic planner

Date:

M T W T F S S

6 AM	
7 AM	
8 AM	
9 AM	
10 AM	
11 AM	
12 PM	
1 PM	
2 PM	
3 PM	
4 PM	
6 PM	
7 PM	
8 PM	

IMPORTANT

COURSES OF STUDY

STUDY PLAN

Academic planner

Date:

____

M · T · W · T · F · S · S

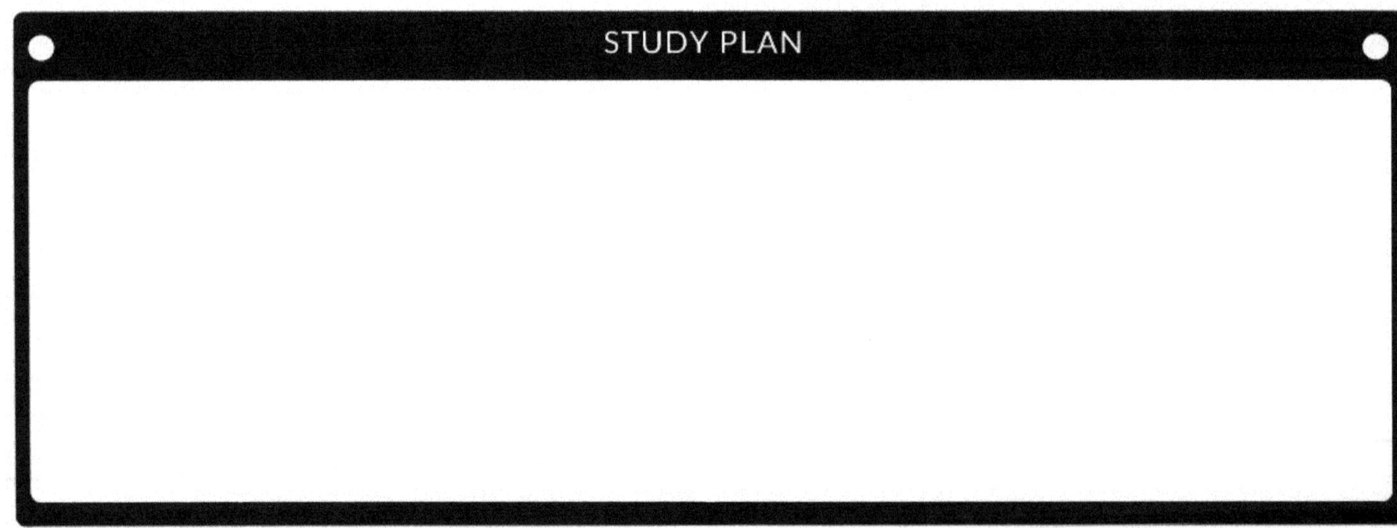

IMPORTANT

| 6 AM |
| 7 AM |
| 8 AM |
| 9 AM |
| 10 AM |
| 11 AM |
| 12 PM |
| 1 PM |
| 2 PM |
| 3 PM |
| 4 PM |
| 6 PM |
| 7 PM |
| 8 PM |

COURSES OF STUDY

STUDY PLAN

Academic planner

Date:

M T W T F S S

6 AM	
7 AM	
8 AM	
9 AM	
10 AM	
11 AM	
12 PM	
1 PM	
2 PM	
3 PM	
4 PM	
6 PM	
7 PM	
8 PM	

IMPORTANT

COURSES OF STUDY

STUDY PLAN

Academic planner

Date:
____

M T W T F S S

| 6 AM |
| 7 AM |
| 8 AM |
| 9 AM |
| 10 AM |
| 11 AM |
| 12 PM |
| 1 PM |
| 2 PM |
| 3 PM |
| 4 PM |
| 6 PM |
| 7 PM |
| 8 PM |

IMPORTANT

COURSES OF STUDY

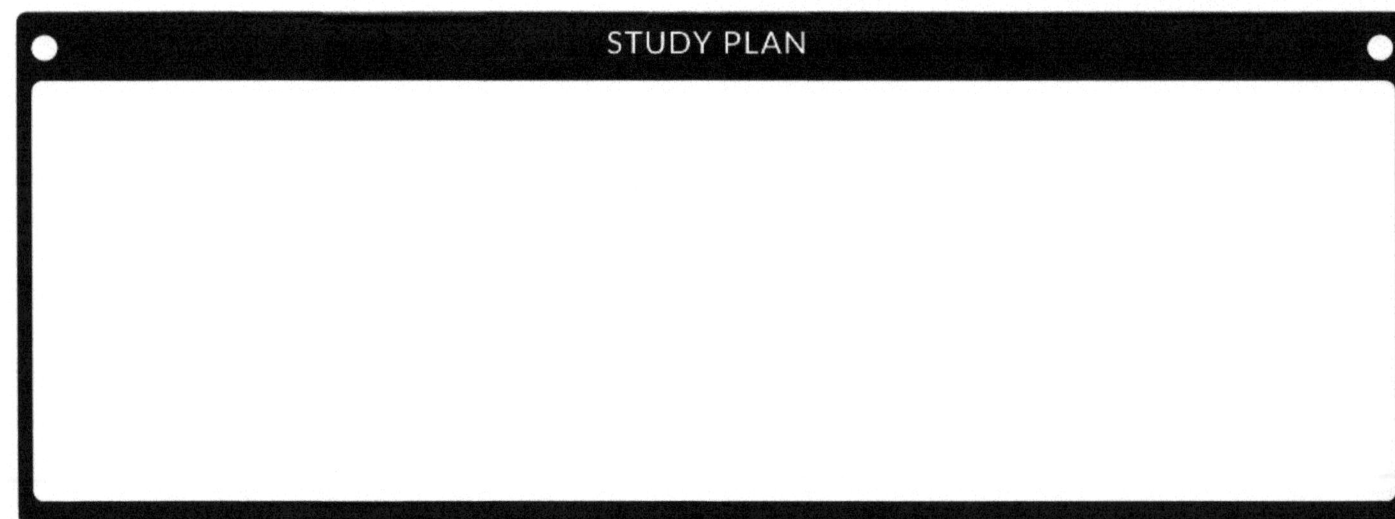

STUDY PLAN

Academic planner

Date:

M T W T F S S

| 6 AM |
| 7 AM |
| 8 AM |
| 9 AM |
| 10 AM |
| 11 AM |
| 12 PM |
| 1 PM |
| 2 PM |
| 3 PM |
| 4 PM |
| 6 PM |
| 7 PM |
| 8 PM |

IMPORTANT

COURSES OF STUDY

STUDY PLAN

Academic planner

Date:
____

M T W T F S S

Time	
6 AM	
7 AM	
8 AM	
9 AM	
10 AM	
11 AM	
12 PM	
1 PM	
2 PM	
3 PM	
4 PM	
6 PM	
7 PM	
8 PM	

IMPORTANT

COURSES OF STUDY

STUDY PLAN

Academic planner

Date:

M T W T F S S

6 AM	
7 AM	
8 AM	
9 AM	
10 AM	
11 AM	
12 PM	
1 PM	
2 PM	
3 PM	
4 PM	
6 PM	
7 PM	
8 PM	

IMPORTANT

COURSES OF STUDY

STUDY PLAN

Academic planner

Date:
____

M   T   W   T   F   S   S

Time	
6 AM	
7 AM	
8 AM	
9 AM	
10 AM	
11 AM	
12 PM	
1 PM	
2 PM	
3 PM	
4 PM	
6 PM	
7 PM	
8 PM	

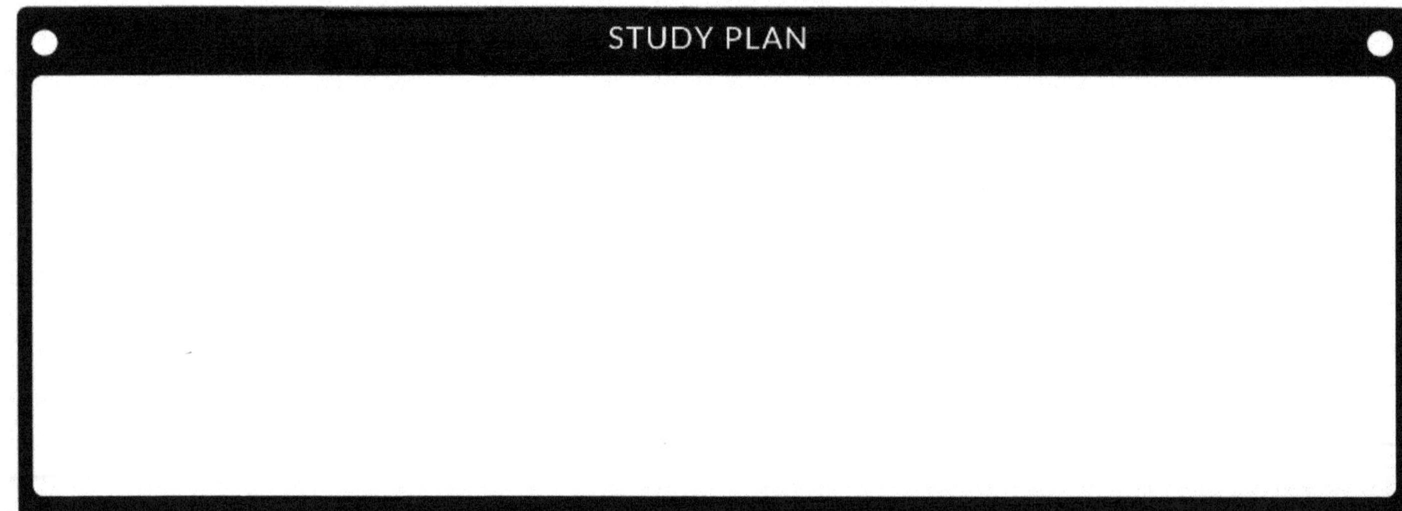

Academic planner

Date:
____

M   T   W   T   F   S   S

Time	
6 AM	
7 AM	
8 AM	
9 AM	
10 AM	
11 AM	
12 PM	
1 PM	
2 PM	
3 PM	
4 PM	
6 PM	
7 PM	
8 PM	

Academic planner

Date:

M   T   W   T   F   S   S

6 AM	
7 AM	
8 AM	
9 AM	
10 AM	
11 AM	
12 PM	
1 PM	
2 PM	
3 PM	
4 PM	
6 PM	
7 PM	
8 PM	

IMPORTANT

COURSES OF STUDY

STUDY PLAN

Academic planner

Date:

M T W T F S S

Time	
6 AM	
7 AM	
8 AM	
9 AM	
10 AM	
11 AM	
12 PM	
1 PM	
2 PM	
3 PM	
4 PM	
6 PM	
7 PM	
8 PM	

Academic planner

Date:

M T W T F S S

6 AM

7 AM

8 AM

9 AM

10 AM

11 AM

12 PM

1 PM

2 PM

3 PM

4 PM

6 PM

7 PM

8 PM

IMPORTANT

COURSES OF STUDY

STUDY PLAN

Academic planner

Date:

M T W T F S S

6 AM	
7 AM	
8 AM	
9 AM	
10 AM	
11 AM	
12 PM	
1 PM	
2 PM	
3 PM	
4 PM	
6 PM	
7 PM	
8 PM	

IMPORTANT

COURSES OF STUDY

STUDY PLAN

Academic planner

Date:

M T W T F S S

Time	
6 AM	
7 AM	
8 AM	
9 AM	
10 AM	
11 AM	
12 PM	
1 PM	
2 PM	
3 PM	
4 PM	
6 PM	
7 PM	
8 PM	

IMPORTANT

COURSES OF STUDY

STUDY PLAN

Academic planner

Date:

M T W T F S S

6 AM	
7 AM	
8 AM	
9 AM	
10 AM	
11 AM	
12 PM	
1 PM	
2 PM	
3 PM	
4 PM	
6 PM	
7 PM	
8 PM	

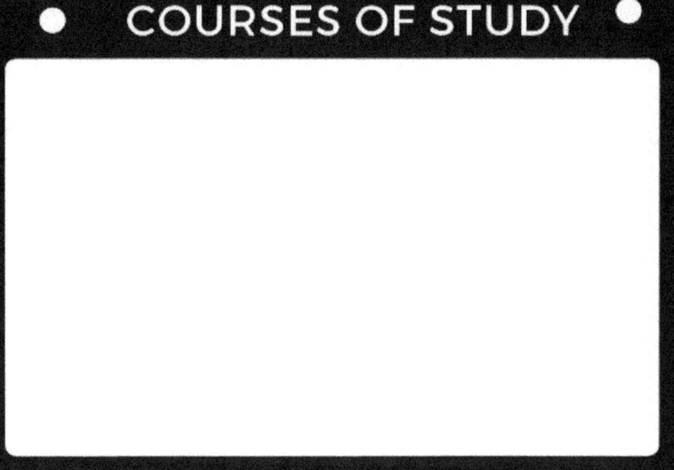

Academic planner

Time	
6 AM	
7 AM	
8 AM	
9 AM	
10 AM	
11 AM	
12 PM	
1 PM	
2 PM	
3 PM	
4 PM	
6 PM	
7 PM	
8 PM	

IMPORTANT

COURSES OF STUDY

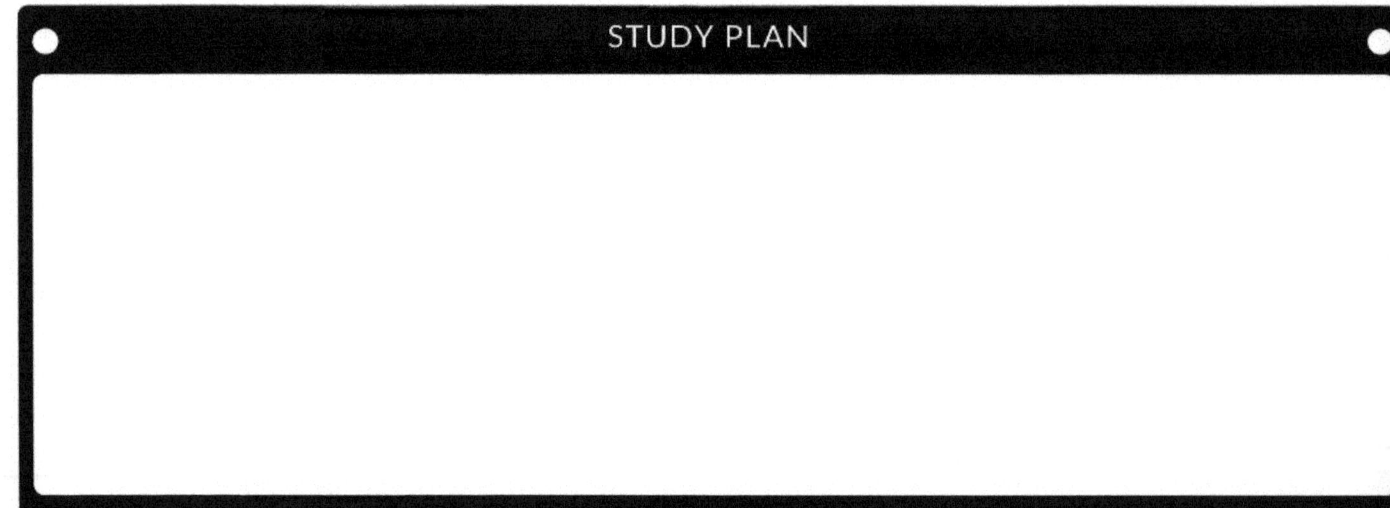

STUDY PLAN

Academic planner

Date:

M T W T F S S

6 AM	
7 AM	
8 AM	
9 AM	
10 AM	
11 AM	
12 PM	
1 PM	
2 PM	
3 PM	
4 PM	
6 PM	
7 PM	
8 PM	

Academic planner

Date:

M T W T F S S

6 AM	
7 AM	
8 AM	
9 AM	
10 AM	
11 AM	
12 PM	
1 PM	
2 PM	
3 PM	
4 PM	
6 PM	
7 PM	
8 PM	

IMPORTANT

COURSES OF STUDY

STUDY PLAN

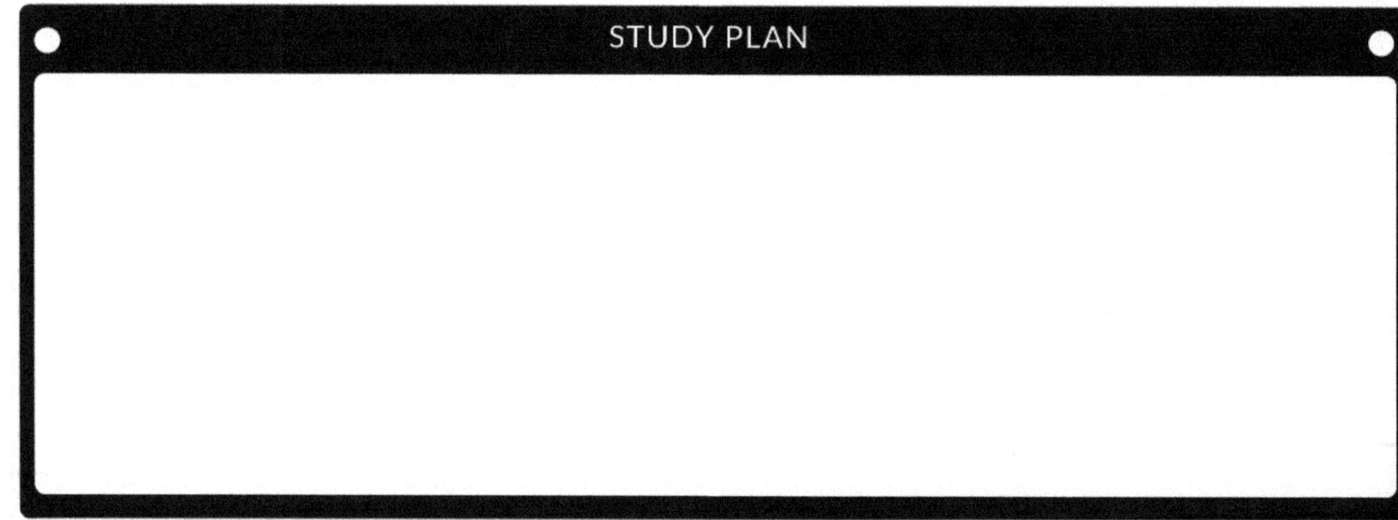

Academic planner

Date:

M   T   W   T   F   S   S

Time	
6 AM	
7 AM	
8 AM	
9 AM	
10 AM	
11 AM	
12 PM	
1 PM	
2 PM	
3 PM	
4 PM	
6 PM	
7 PM	
8 PM	

IMPORTANT

COURSES OF STUDY

STUDY PLAN

Academic planner

M T W T F S S

Time	
6 AM	
7 AM	
8 AM	
9 AM	
10 AM	
11 AM	
12 PM	
1 PM	
2 PM	
3 PM	
4 PM	
6 PM	
7 PM	
8 PM	

IMPORTANT

COURSES OF STUDY

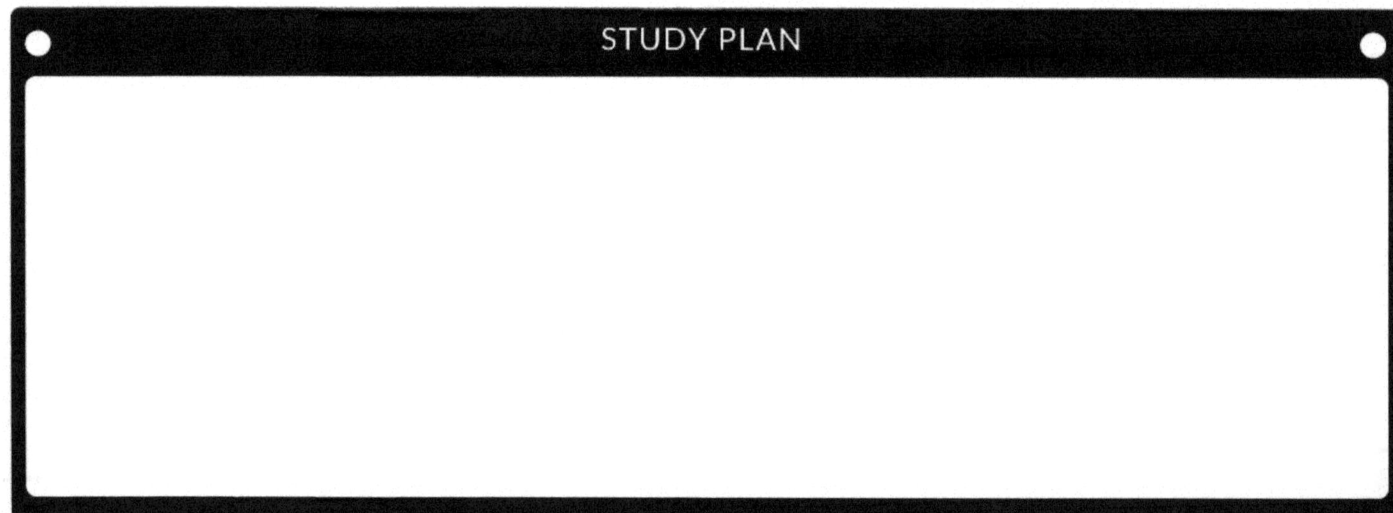

STUDY PLAN

Academic planner

Date:

M   T   W   T   F   S   S

	6 AM	
	7 AM	
	8 AM	
	9 AM	
	10 AM	
	11 AM	
	12 PM	
	1 PM	
	2 PM	
	3 PM	
	4 PM	
	6 PM	
	7 PM	
	8 PM	

IMPORTANT

COURSES OF STUDY

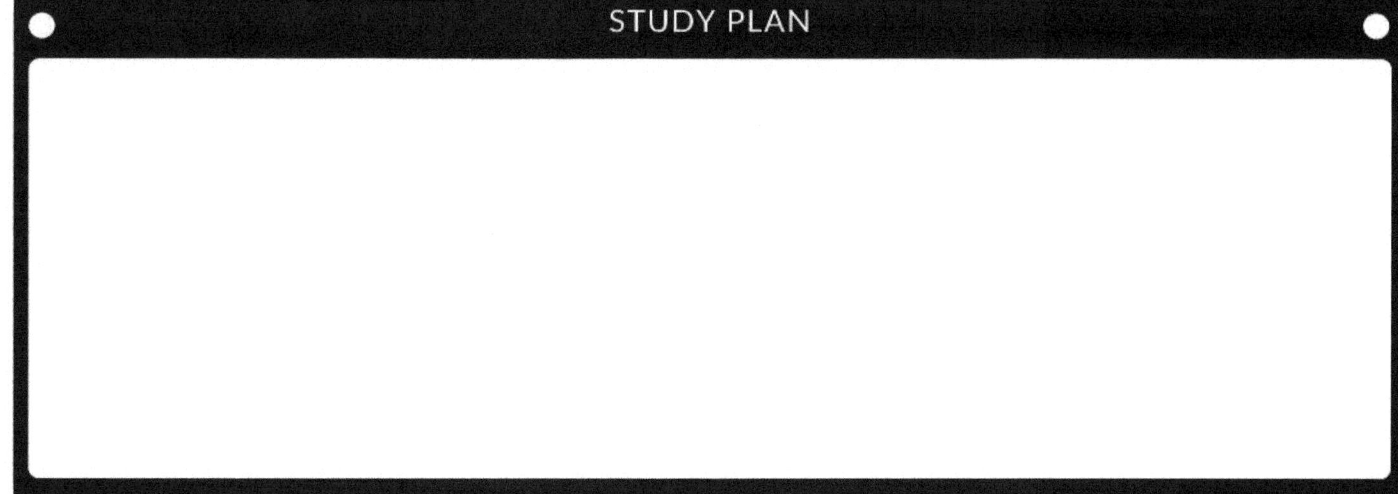

STUDY PLAN

Academic planner

Date:

M T W T F S S

6 AM	
7 AM	
8 AM	
9 AM	
10 AM	
11 AM	
12 PM	
1 PM	
2 PM	
3 PM	
4 PM	
6 PM	
7 PM	
8 PM	

IMPORTANT

COURSES OF STUDY

STUDY PLAN

Academic planner

Date:

M   T   W   T   F   S   S

6 AM	
7 AM	
8 AM	
9 AM	
10 AM	
11 AM	
12 PM	
1 PM	
2 PM	
3 PM	
4 PM	
6 PM	
7 PM	
8 PM	

IMPORTANT

COURSES OF STUDY

STUDY PLAN

Academic planner

Date:

M T W T F S S

Time	
6 AM	
7 AM	
8 AM	
9 AM	
10 AM	
11 AM	
12 PM	
1 PM	
2 PM	
3 PM	
4 PM	
6 PM	
7 PM	
8 PM	

IMPORTANT

COURSES OF STUDY

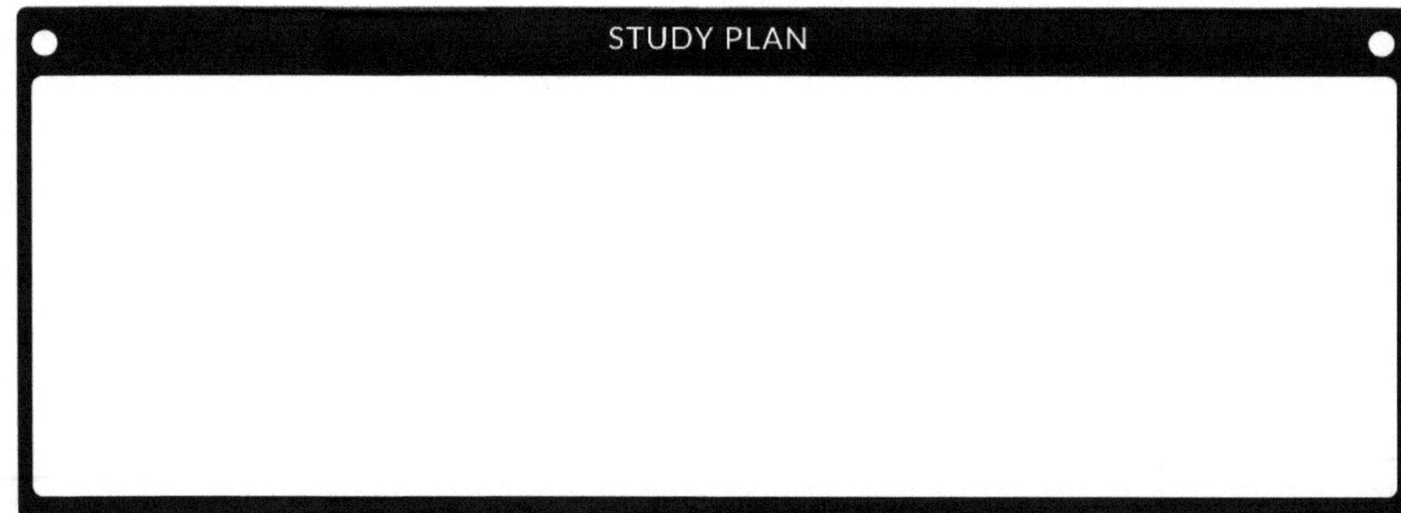

STUDY PLAN

Academic planner

Date:

M   T   W   T   F   S   S
●   ●   ●   ●   ●   ●   ●

6 AM	
7 AM	
8 AM	
9 AM	
10 AM	
11 AM	
12 PM	
1 PM	
2 PM	
3 PM	
4 PM	
6 PM	
7 PM	
8 PM	

COURSES OF STUDY

Academic planner

Date: _______________

M   T   W   T   F   S   S

Time	
6 AM	
7 AM	
8 AM	
9 AM	
10 AM	
11 AM	
12 PM	
1 PM	
2 PM	
3 PM	
4 PM	
6 PM	
7 PM	
8 PM	

IMPORTANT

COURSES OF STUDY

STUDY PLAN

Academic planner

Date:
____

M T W T F S S

| 6 AM |
| 7 AM |
| 8 AM |
| 9 AM |
| 10 AM |
| 11 AM |
| 12 PM |
| 1 PM |
| 2 PM |
| 3 PM |
| 4 PM |
| 6 PM |
| 7 PM |
| 8 PM |

IMPORTANT

COURSES OF STUDY

STUDY PLAN

Academic planner

Time	
6 AM	
7 AM	
8 AM	
9 AM	
10 AM	
11 AM	
12 PM	
1 PM	
2 PM	
3 PM	
4 PM	
6 PM	
7 PM	
8 PM	

IMPORTANT

COURSES OF STUDY

STUDY PLAN

Academic planner

Date:

M T W T F S S

| 6 AM |
| 7 AM |
| 8 AM |
| 9 AM |
| 10 AM |
| 11 AM |
| 12 PM |
| 1 PM |
| 2 PM |
| 3 PM |
| 4 PM |
| 6 PM |
| 7 PM |
| 8 PM |

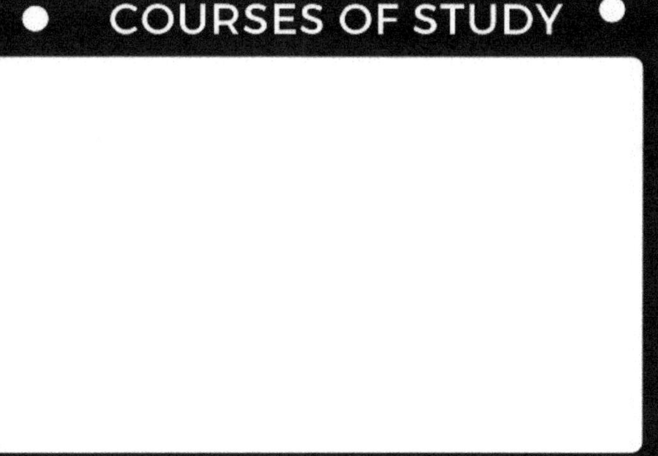

IMPORTANT

COURSES OF STUDY

STUDY PLAN

Academic planner

Date:

M T W T F S S

6 AM

7 AM

8 AM

9 AM

10 AM

11 AM

12 PM

1 PM

2 PM

3 PM

4 PM

6 PM

7 PM

8 PM

IMPORTANT

COURSES OF STUDY

STUDY PLAN

Academic planner

Date:

M   T   W   T   F   S   S

6 AM	
7 AM	
8 AM	
9 AM	
10 AM	
11 AM	
12 PM	
1 PM	
2 PM	
3 PM	
4 PM	
6 PM	
7 PM	
8 PM	

IMPORTANT

COURSES OF STUDY

STUDY PLAN

Academic planner

Date:
____
M   T   W   T   F   S   S
●   ●   ●   ●   ●   ●   ●

Time	
6 AM	
7 AM	
8 AM	
9 AM	
10 AM	
11 AM	
12 PM	
1 PM	
2 PM	
3 PM	
4 PM	
6 PM	
7 PM	
8 PM	

IMPORTANT

COURSES OF STUDY

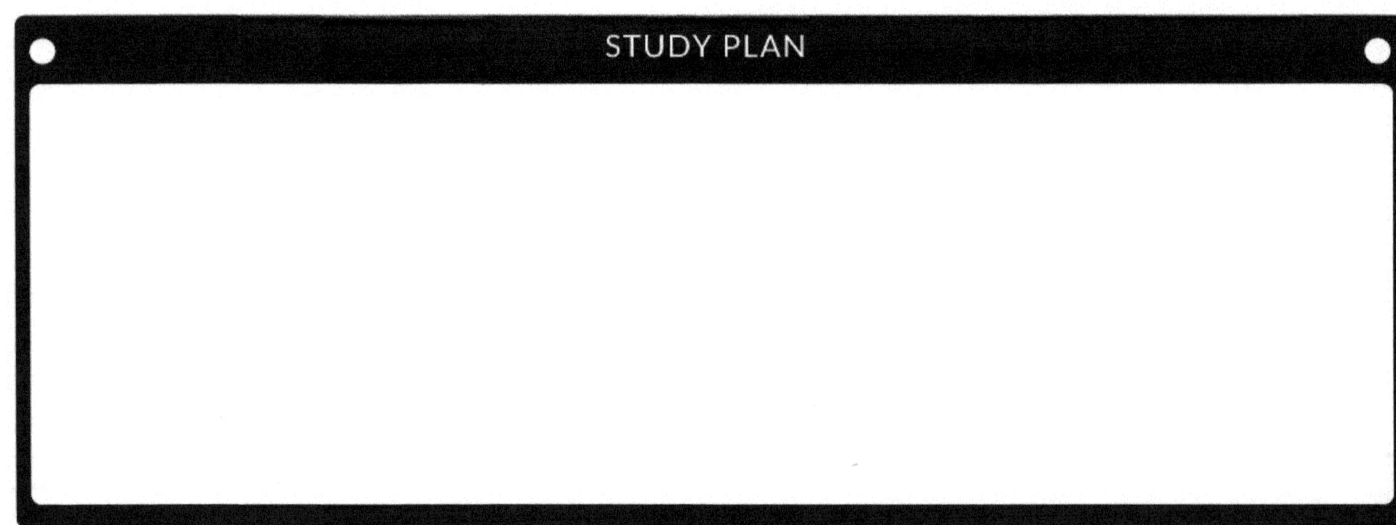

STUDY PLAN

Academic planner

Date:

M T W T F S S

Time	
6 AM	
7 AM	
8 AM	
9 AM	
10 AM	
11 AM	
12 PM	
1 PM	
2 PM	
3 PM	
4 PM	
6 PM	
7 PM	
8 PM	

IMPORTANT

COURSES OF STUDY

STUDY PLAN

Academic planner

Date:

M T W T F S S

6 AM	
7 AM	
8 AM	
9 AM	
10 AM	
11 AM	
12 PM	
1 PM	
2 PM	
3 PM	
4 PM	
6 PM	
7 PM	
8 PM	

IMPORTANT

COURSES OF STUDY

STUDY PLAN

Academic planner

Date:
____

M   T   W   T   F   S   S

6 AM	
7 AM	
8 AM	
9 AM	
10 AM	
11 AM	
12 PM	
1 PM	
2 PM	
3 PM	
4 PM	
6 PM	
7 PM	
8 PM	

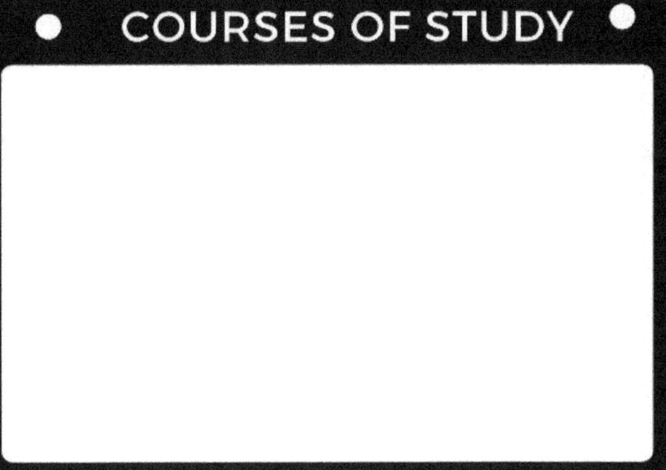

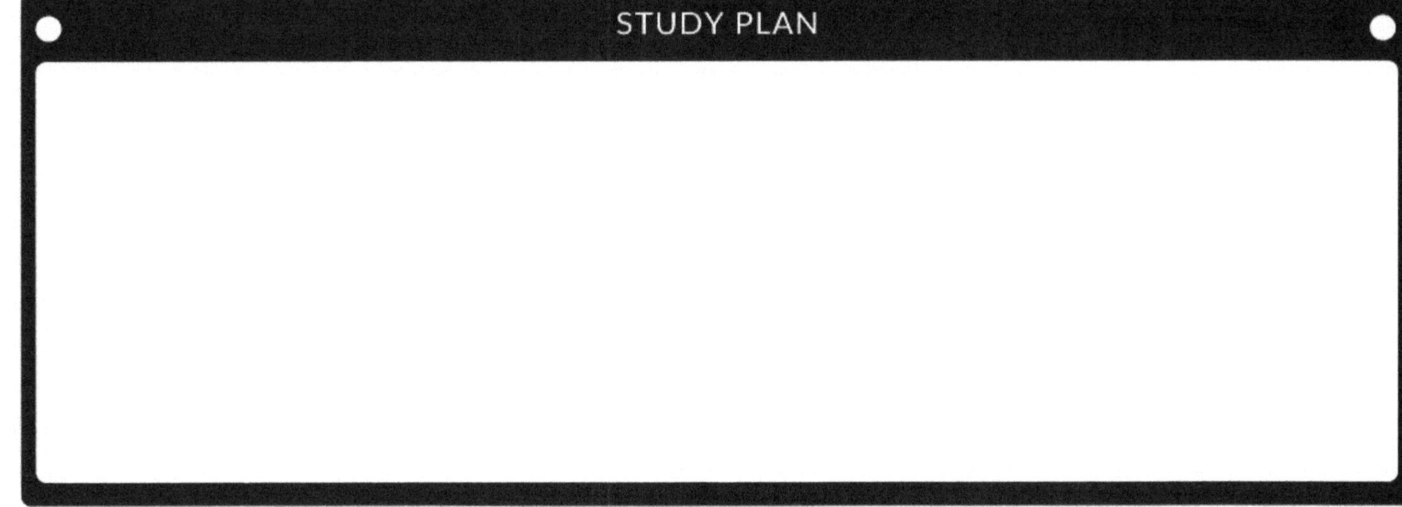

Academic planner

Date:

M T W T F S S

6 AM

7 AM

8 AM

9 AM

10 AM

11 AM

12 PM

1 PM

2 PM

3 PM

4 PM

6 PM

7 PM

8 PM

IMPORTANT

COURSES OF STUDY

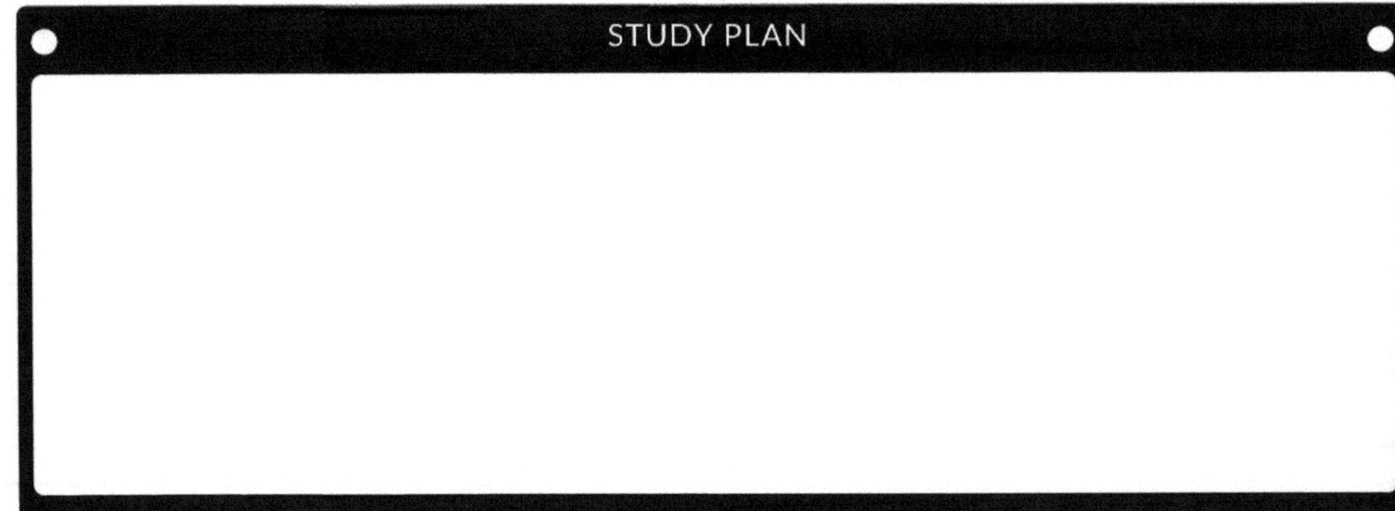

STUDY PLAN

Academic planner

Date:

M   T   W   T   F   S   S

6 AM	
7 AM	
8 AM	
9 AM	
10 AM	
11 AM	
12 PM	
1 PM	
2 PM	
3 PM	
4 PM	
6 PM	
7 PM	
8 PM	

Academic planner

Date:

M T W T F S S

Time	
6 AM	
7 AM	
8 AM	
9 AM	
10 AM	
11 AM	
12 PM	
1 PM	
2 PM	
3 PM	
4 PM	
6 PM	
7 PM	
8 PM	

IMPORTANT

COURSES OF STUDY

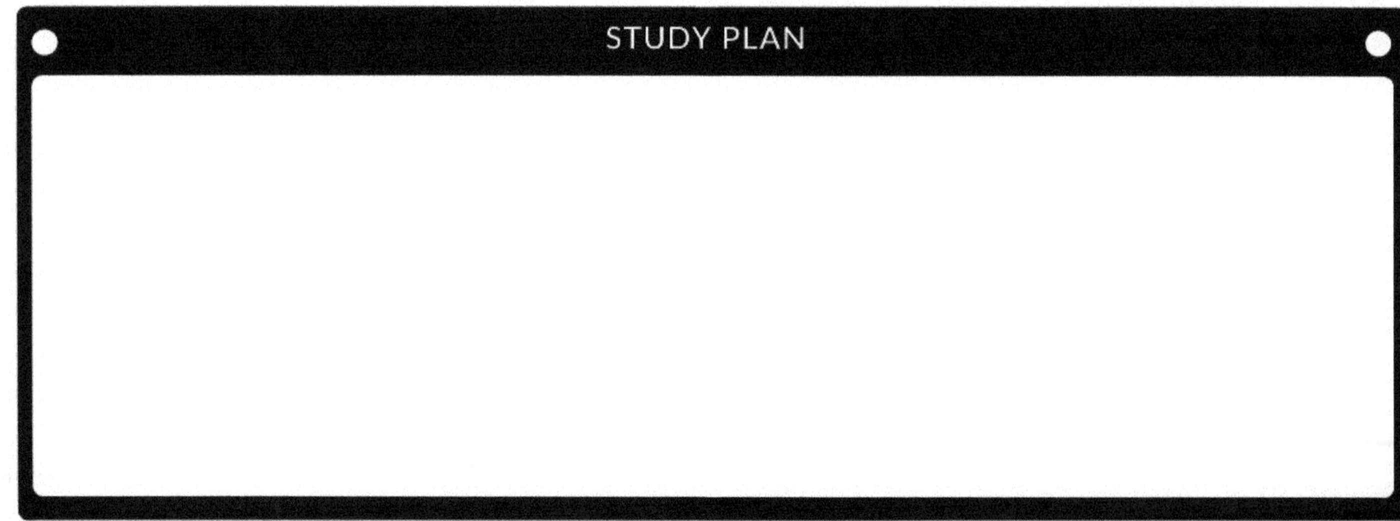

STUDY PLAN

Academic planner

Date:

M T W T F S S

6 AM	
7 AM	
8 AM	
9 AM	
10 AM	
11 AM	
12 PM	
1 PM	
2 PM	
3 PM	
4 PM	
6 PM	
7 PM	
8 PM	

IMPORTANT

COURSES OF STUDY

STUDY PLAN

Academic planner

Date:

M T W T F S S

| 6 AM |
| 7 AM |
| 8 AM |
| 9 AM |
| 10 AM |
| 11 AM |
| 12 PM |
| 1 PM |
| 2 PM |
| 3 PM |
| 4 PM |
| 6 PM |
| 7 PM |
| 8 PM |

IMPORTANT

COURSES OF STUDY

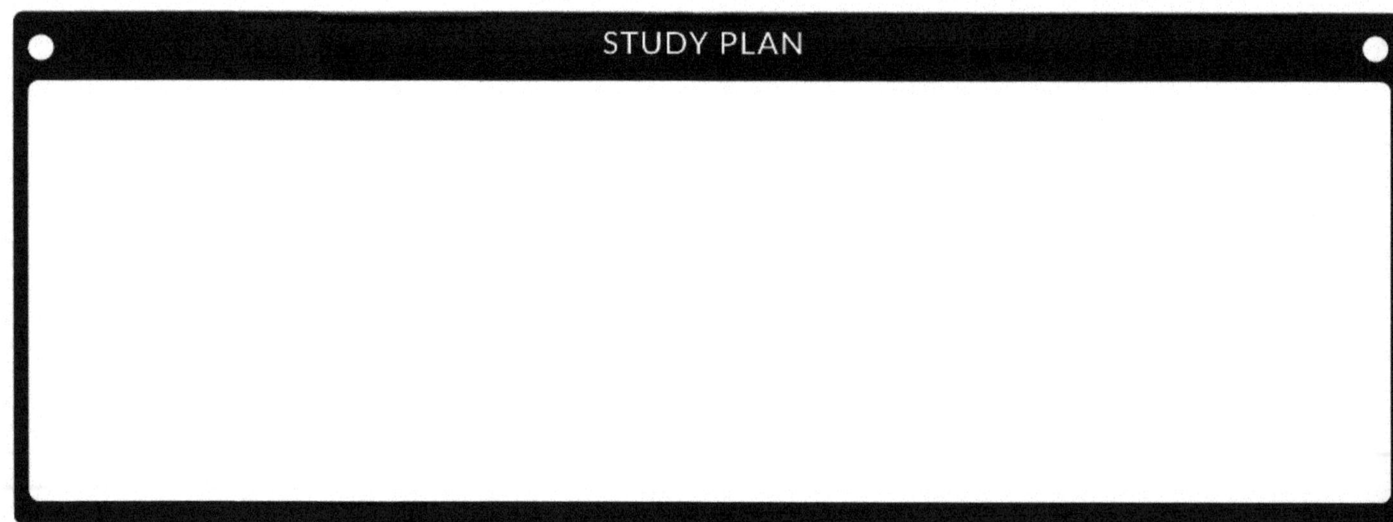

STUDY PLAN

Academic planner

Date:

M   T   W   T   F   S   S

Time	
6 AM	
7 AM	
8 AM	
9 AM	
10 AM	
11 AM	
12 PM	
1 PM	
2 PM	
3 PM	
4 PM	
6 PM	
7 PM	
8 PM	

IMPORTANT

COURSES OF STUDY

STUDY PLAN

Academic planner

Date:

M   T   W   T   F   S   S

Time	
6 AM	
7 AM	
8 AM	
9 AM	
10 AM	
11 AM	
12 PM	
1 PM	
2 PM	
3 PM	
4 PM	
6 PM	
7 PM	
8 PM	

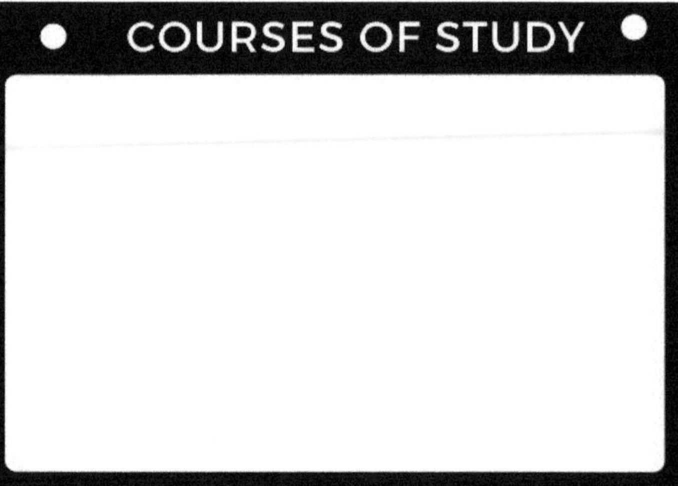

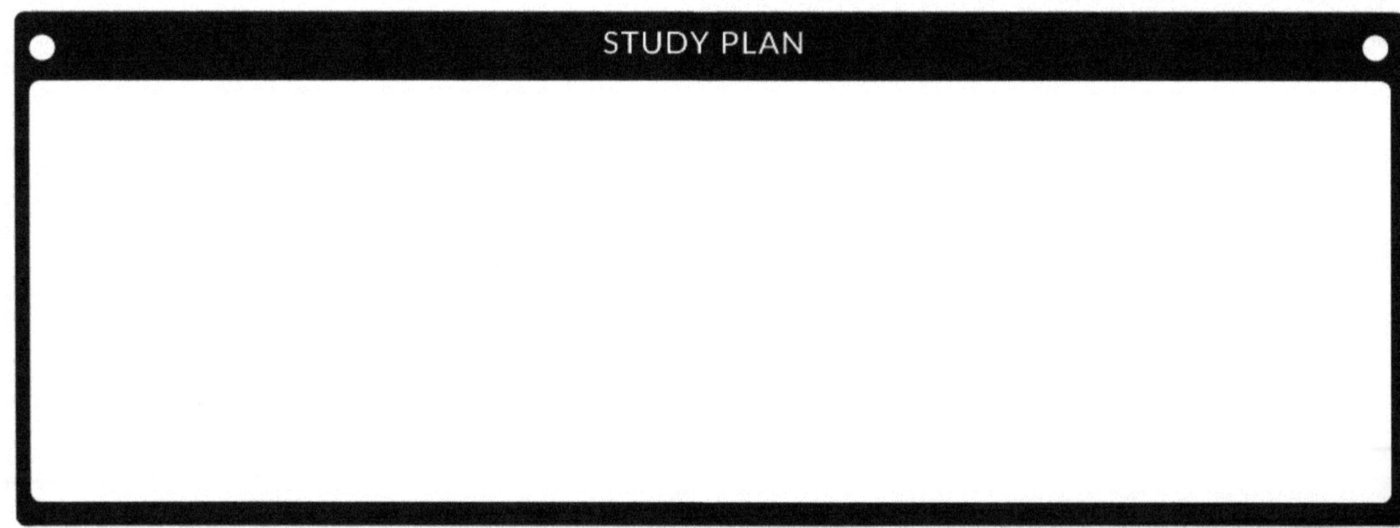

Academic planner

Date:

M T W T F S S

IMPORTANT

COURSES OF STUDY

STUDY PLAN

6 AM	
7 AM	
8 AM	
9 AM	
10 AM	
11 AM	
12 PM	
1 PM	
2 PM	
3 PM	
4 PM	
6 PM	
7 PM	
8 PM	

Academic planner

Date:

M T W T F S S

| 6 AM |
| 7 AM |
| 8 AM |
| 9 AM |
| 10 AM |
| 11 AM |
| 12 PM |
| 1 PM |
| 2 PM |
| 3 PM |
| 4 PM |
| 6 PM |
| 7 PM |
| 8 PM |

IMPORTANT

COURSES OF STUDY

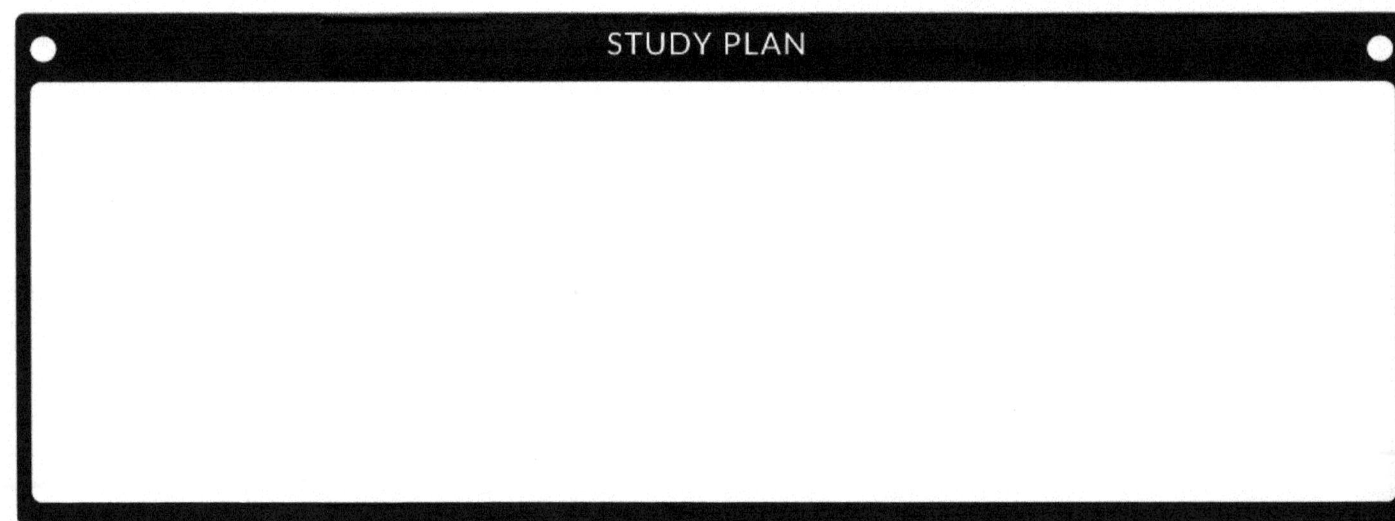

STUDY PLAN

Academic planner

Date:

M T W T F S S

6 AM	
7 AM	
8 AM	
9 AM	
10 AM	
11 AM	
12 PM	
1 PM	
2 PM	
3 PM	
4 PM	
6 PM	
7 PM	
8 PM	

IMPORTANT

COURSES OF STUDY

STUDY PLAN

Academic planner

Date:
____

M T W T F S S
● ● ● ● ● ● ●

6 AM	
7 AM	
8 AM	
9 AM	
10 AM	
11 AM	
12 PM	
1 PM	
2 PM	
3 PM	
4 PM	
6 PM	
7 PM	
8 PM	

IMPORTANT

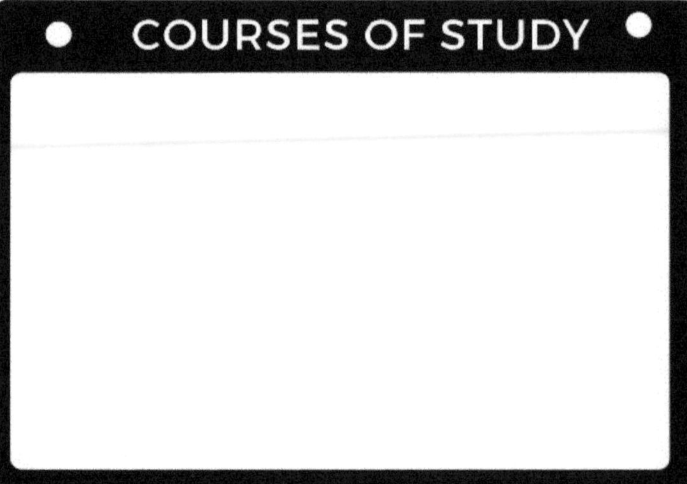

COURSES OF STUDY

STUDY PLAN

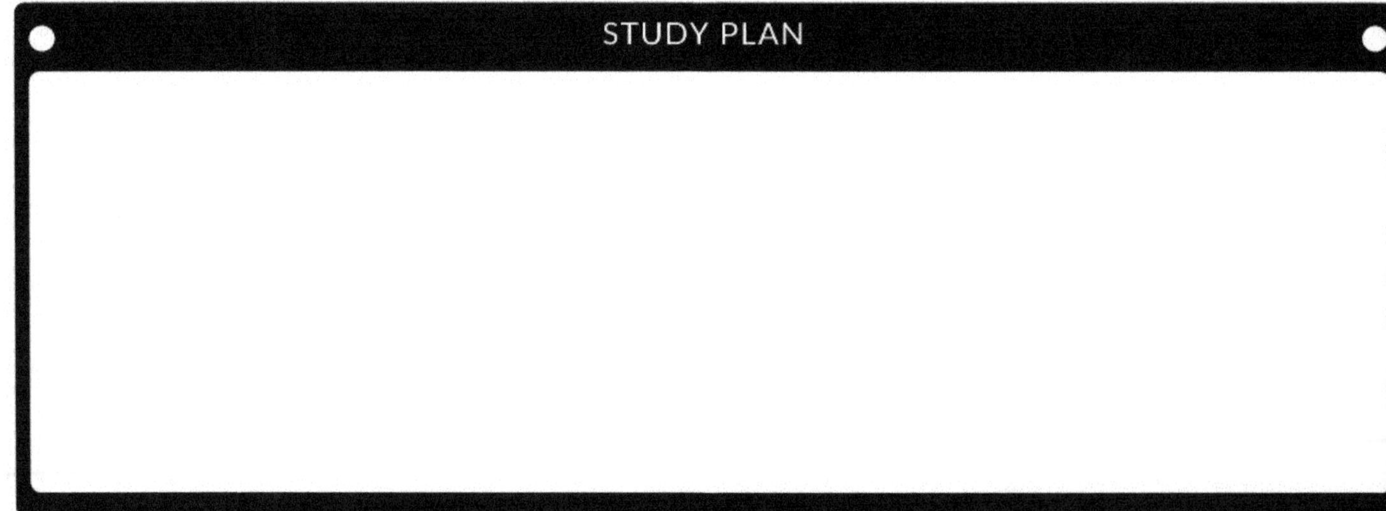

Academic planner

Date:
____

M T W T F S S

6 AM	
7 AM	
8 AM	
9 AM	
10 AM	
11 AM	
12 PM	
1 PM	
2 PM	
3 PM	
4 PM	
6 PM	
7 PM	
8 PM	

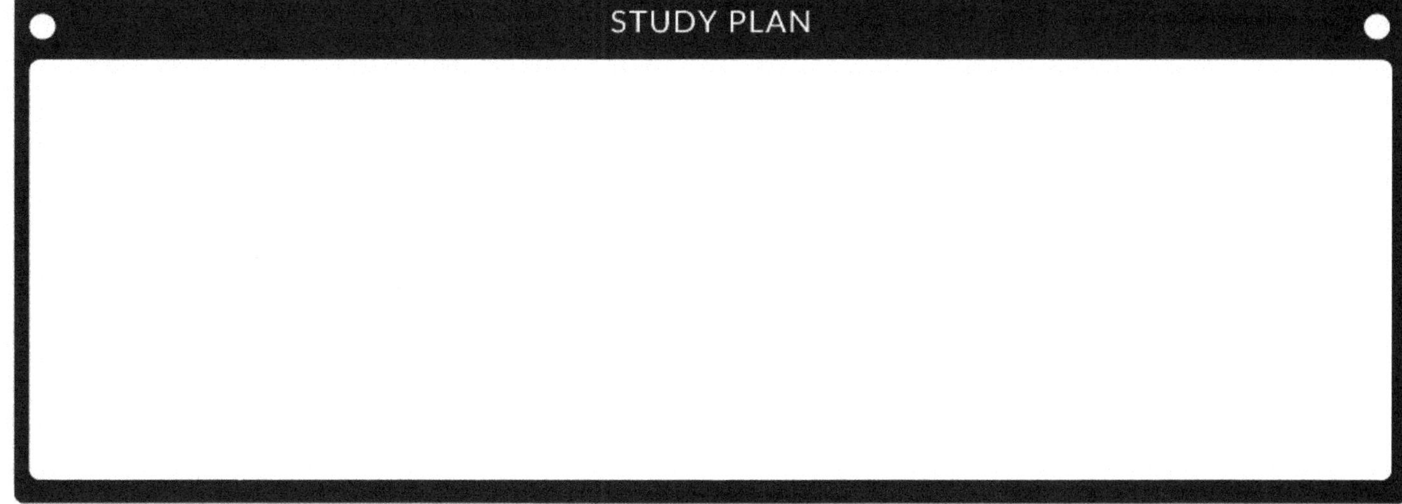

Academic planner

Date:

M T W T F S S

6 AM	
7 AM	
8 AM	
9 AM	
10 AM	
11 AM	
12 PM	
1 PM	
2 PM	
3 PM	
4 PM	
6 PM	
7 PM	
8 PM	

IMPORTANT

COURSES OF STUDY

STUDY PLAN

Academic planner

Date:
____

M   T   W   T   F   S   S

Time	
6 AM	
7 AM	
8 AM	
9 AM	
10 AM	
11 AM	
12 PM	
1 PM	
2 PM	
3 PM	
4 PM	
6 PM	
7 PM	
8 PM	

Academic planner

Date:

M T W T F S S

Time	
6 AM	
7 AM	
8 AM	
9 AM	
10 AM	
11 AM	
12 PM	
1 PM	
2 PM	
3 PM	
4 PM	
6 PM	
7 PM	
8 PM	

IMPORTANT

COURSES OF STUDY

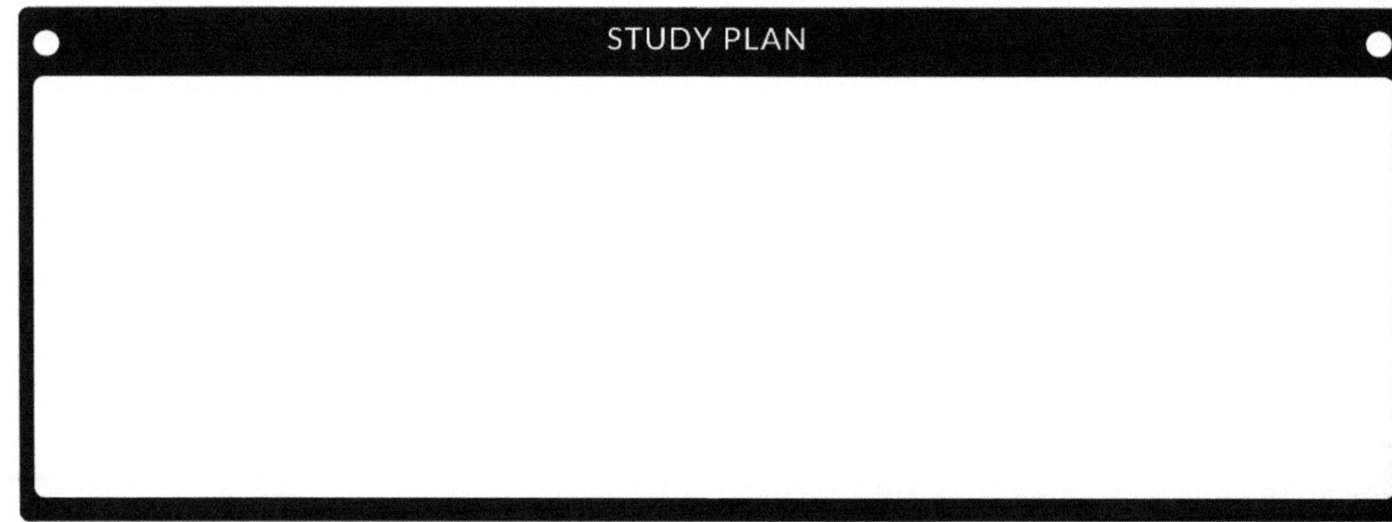

STUDY PLAN

Academic planner

Date:

M T W T F S S

Time	
6 AM	
7 AM	
8 AM	
9 AM	
10 AM	
11 AM	
12 PM	
1 PM	
2 PM	
3 PM	
4 PM	
6 PM	
7 PM	
8 PM	

IMPORTANT

COURSES OF STUDY

STUDY PLAN

Academic planner

Date:

M T W T F S S

IMPORTANT

COURSES OF STUDY

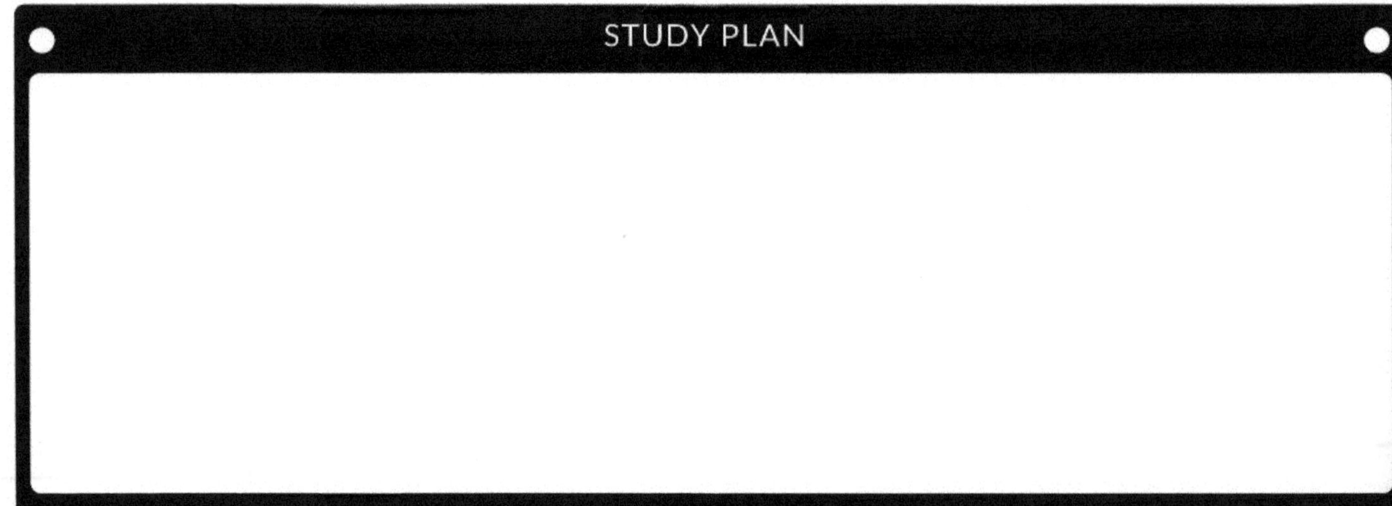

STUDY PLAN

| 6 AM |
| 7 AM |
| 8 AM |
| 9 AM |
| 10 AM |
| 11 AM |
| 12 PM |
| 1 PM |
| 2 PM |
| 3 PM |
| 4 PM |
| 6 PM |
| 7 PM |
| 8 PM |

Academic planner

Date:

| M | T | W | T | F | S | S |

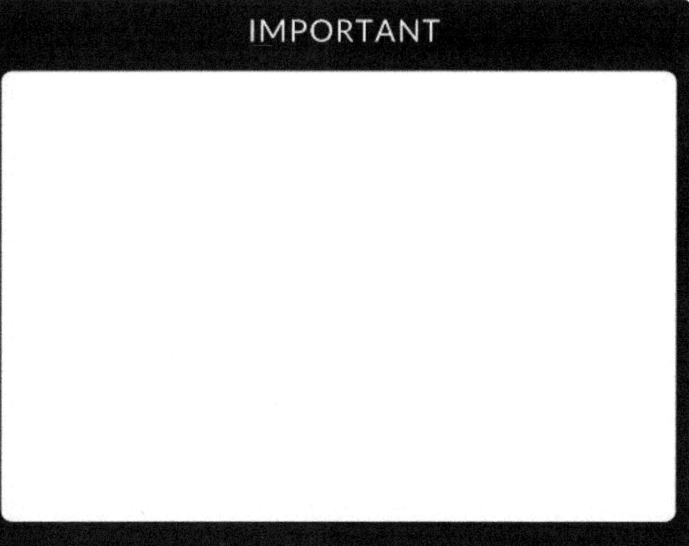

IMPORTANT

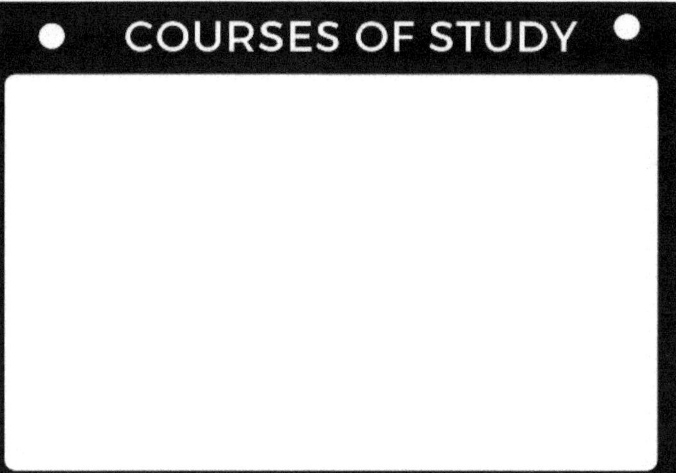

COURSES OF STUDY

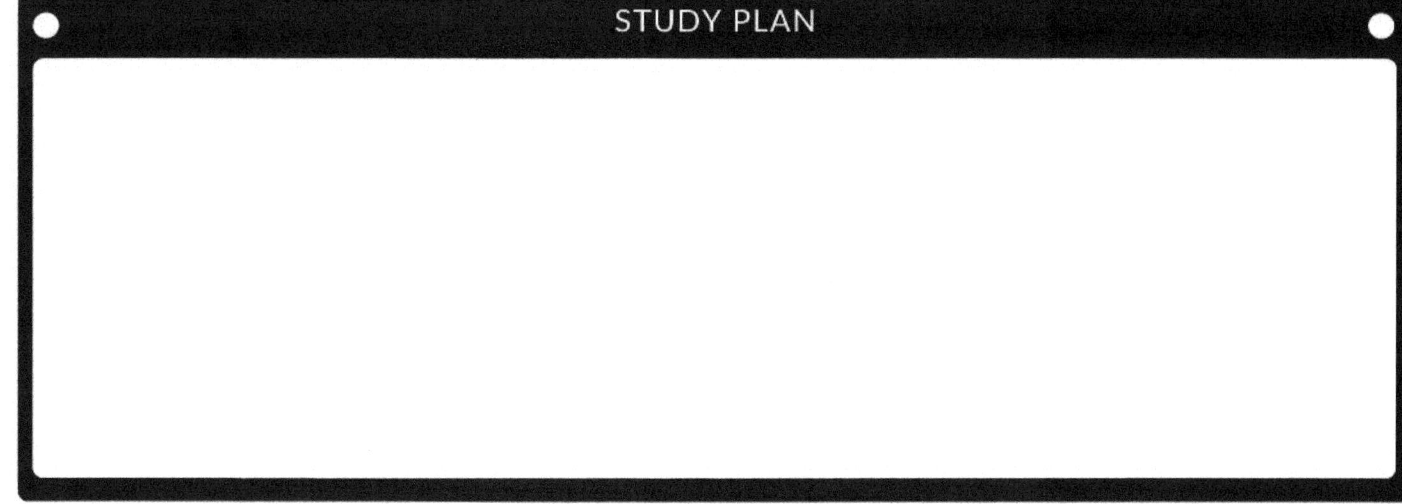

STUDY PLAN

6 AM	
7 AM	
8 AM	
9 AM	
10 AM	
11 AM	
12 PM	
1 PM	
2 PM	
3 PM	
4 PM	
6 PM	
7 PM	
8 PM	

Academic planner

Date:

M T W T F S S

6 AM	
7 AM	
8 AM	
9 AM	
10 AM	
11 AM	
12 PM	
1 PM	
2 PM	
3 PM	
4 PM	
6 PM	
7 PM	
8 PM	

IMPORTANT

COURSES OF STUDY

STUDY PLAN

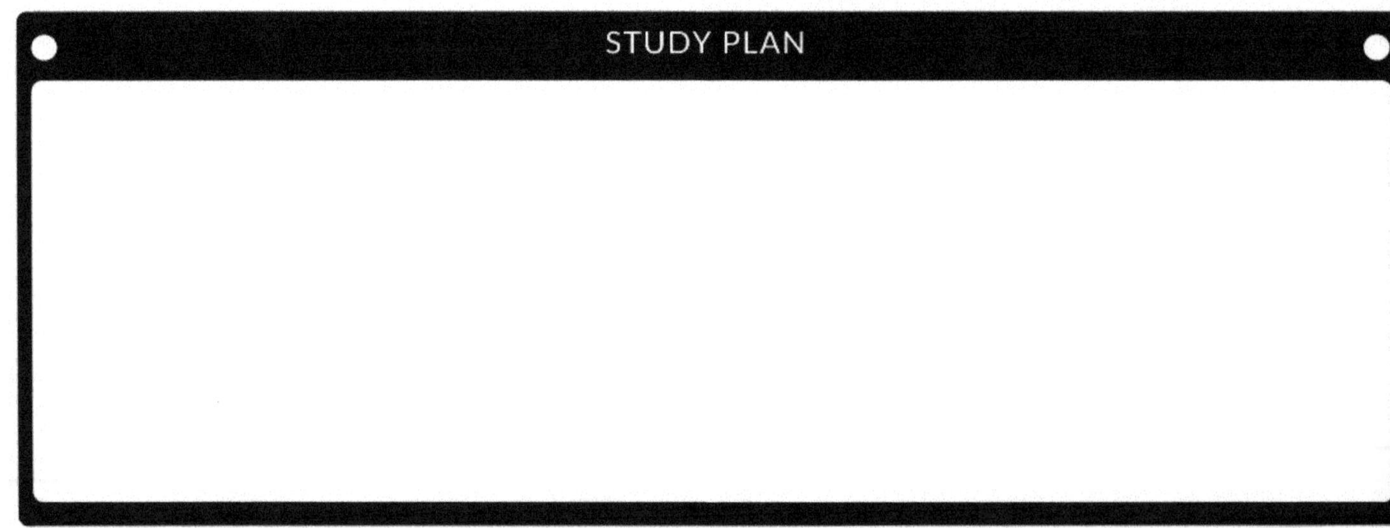

Academic planner

Date:

M T W T F S S

Time	
6 AM	
7 AM	
8 AM	
9 AM	
10 AM	
11 AM	
12 PM	
1 PM	
2 PM	
3 PM	
4 PM	
6 PM	
7 PM	
8 PM	

IMPORTANT

COURSES OF STUDY

STUDY PLAN

Academic planner

6 AM	
7 AM	
8 AM	
9 AM	
10 AM	
11 AM	
12 PM	
1 PM	
2 PM	
3 PM	
4 PM	
6 PM	
7 PM	
8 PM	

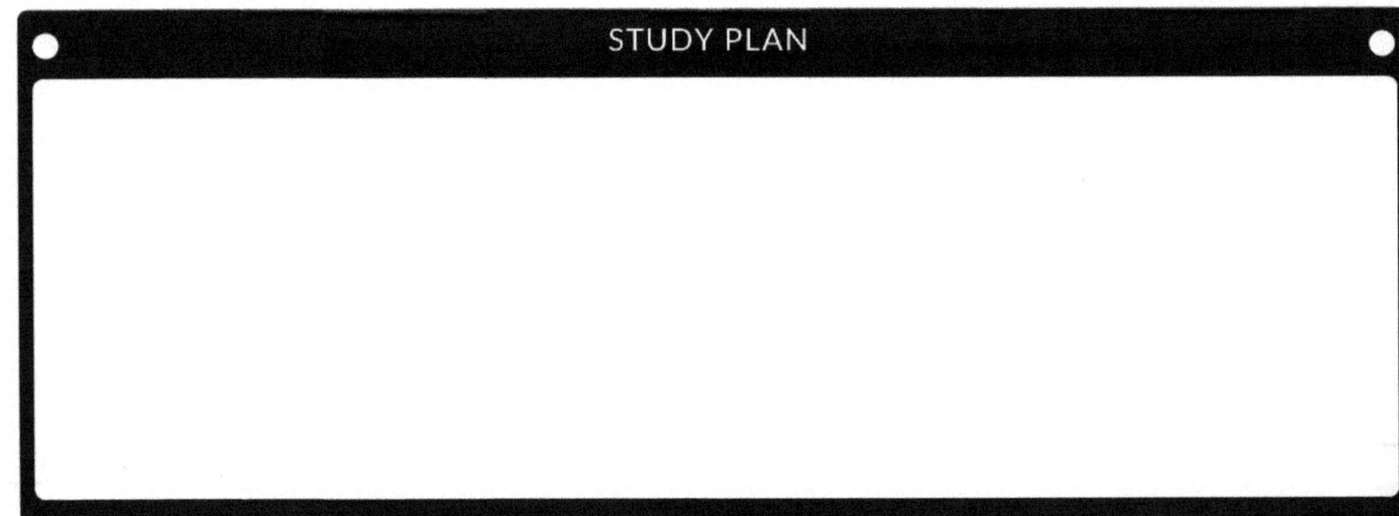

Academic planner

Date:

M T W T F S S

6 AM	
7 AM	
8 AM	
9 AM	
10 AM	
11 AM	
12 PM	
1 PM	
2 PM	
3 PM	
4 PM	
6 PM	
7 PM	
8 PM	

IMPORTANT

COURSES OF STUDY

STUDY PLAN

Academic planner

Date:

M T W T F S S

| 6 AM |
| 7 AM |
| 8 AM |
| 9 AM |
| 10 AM |
| 11 AM |
| 12 PM |
| 1 PM |
| 2 PM |
| 3 PM |
| 4 PM |
| 6 PM |
| 7 PM |
| 8 PM |

IMPORTANT

COURSES OF STUDY

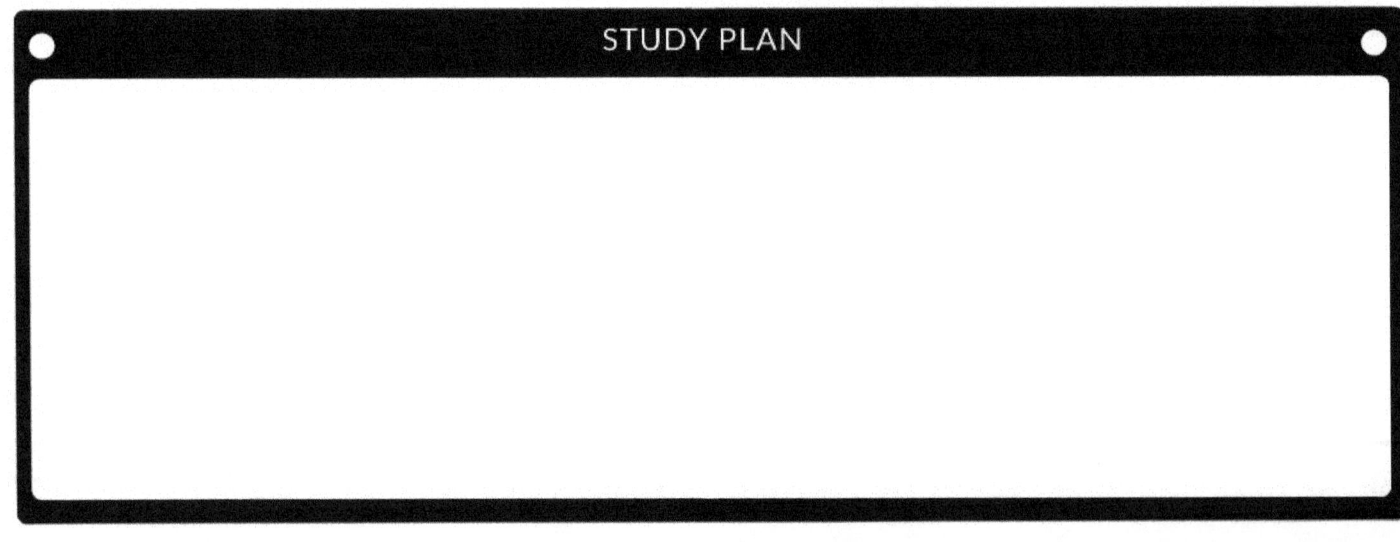

STUDY PLAN

Academic planner

Date:

M T W T F S S

Time
6 AM
7 AM
8 AM
9 AM
10 AM
11 AM
12 PM
1 PM
2 PM
3 PM
4 PM
6 PM
7 PM
8 PM

IMPORTANT

COURSES OF STUDY

STUDY PLAN

Academic planner

Date:
____

| M | T | W | T | F | S | S |

IMPORTANT

COURSES OF STUDY

6 AM

7 AM

8 AM

9 AM

10 AM

11 AM

12 PM

1 PM

2 PM

3 PM

4 PM

6 PM

7 PM

8 PM

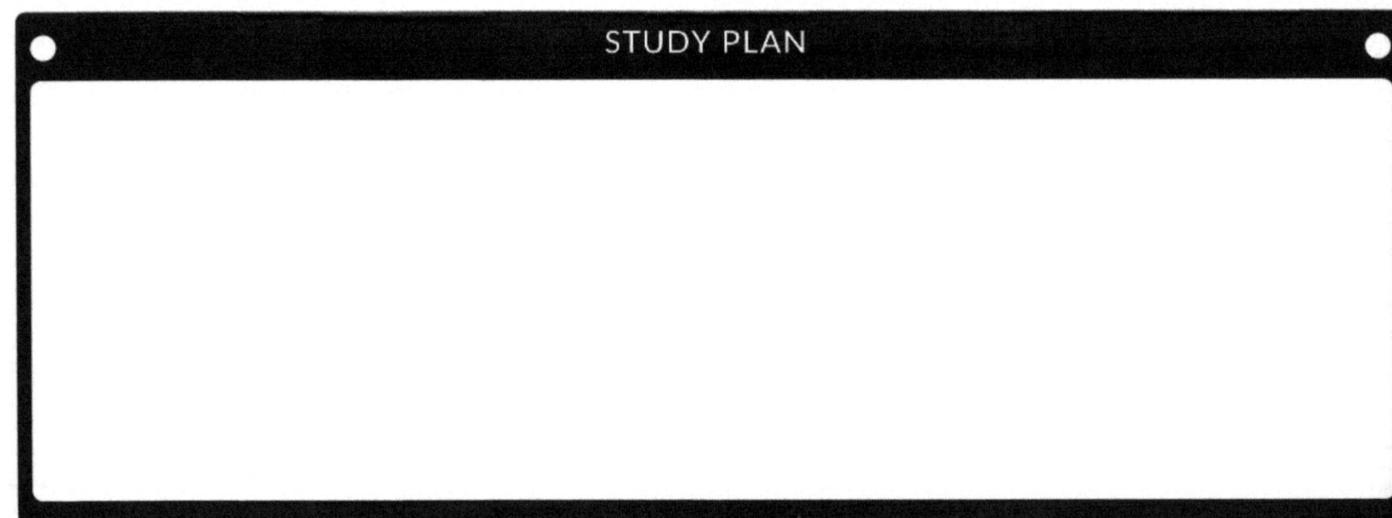

STUDY PLAN

Academic planner

Date:
____

M	T	W	T	F	S	S
●	●	●	●	●	●	●

6 AM	
7 AM	
8 AM	
9 AM	
10 AM	
11 AM	
12 PM	
1 PM	
2 PM	
3 PM	
4 PM	
6 PM	
7 PM	
8 PM	

IMPORTANT

COURSES OF STUDY

STUDY PLAN

Academic planner

Date: ___________________

M T W T F S S

Time	
6 AM	
7 AM	
8 AM	
9 AM	
10 AM	
11 AM	
12 PM	
1 PM	
2 PM	
3 PM	
4 PM	
6 PM	
7 PM	
8 PM	

IMPORTANT

COURSES OF STUDY

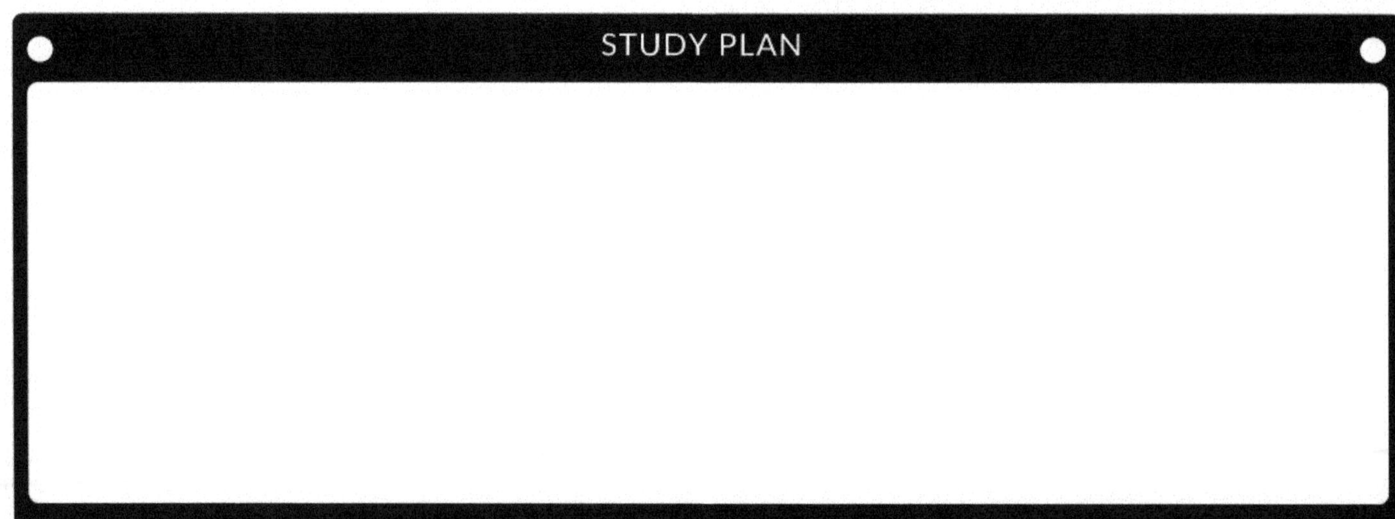

STUDY PLAN

Academic planner

Date:
____

M   T   W   T   F   S   S
●   ●   ●   ●   ●   ●   ●

6 AM	
7 AM	
8 AM	
9 AM	
10 AM	
11 AM	
12 PM	
1 PM	
2 PM	
3 PM	
4 PM	
6 PM	
7 PM	
8 PM	

Academic planner

Time	
6 AM	
7 AM	
8 AM	
9 AM	
10 AM	
11 AM	
12 PM	
1 PM	
2 PM	
3 PM	
4 PM	
6 PM	
7 PM	
8 PM	

IMPORTANT

COURSES OF STUDY

STUDY PLAN

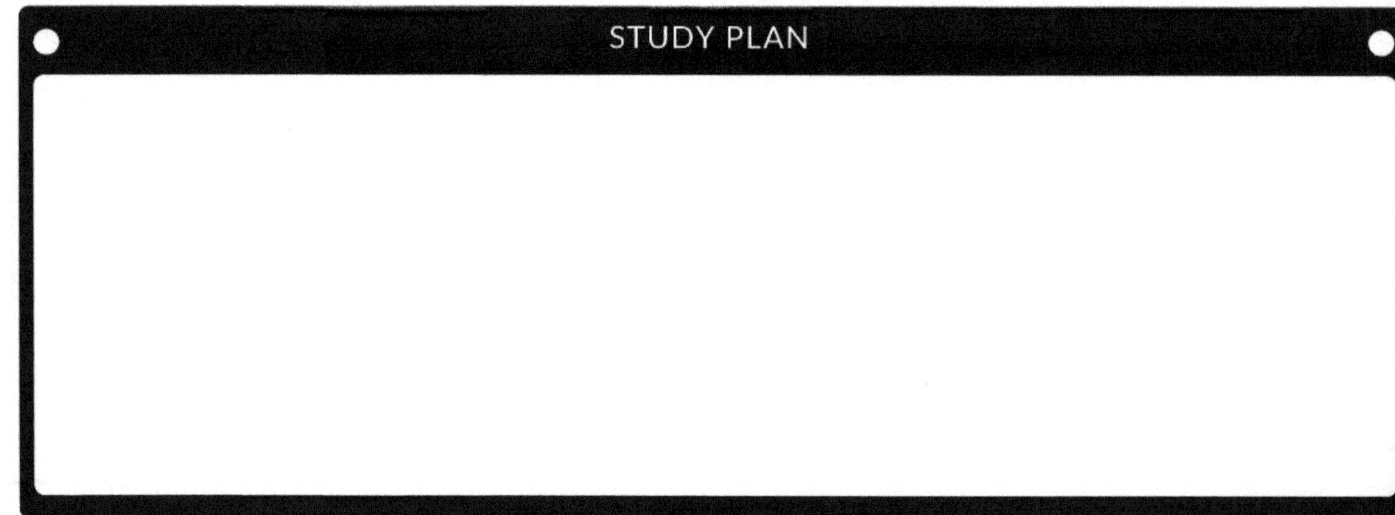

Academic planner

Date:

M T W T F S S

Time	
6 AM	
7 AM	
8 AM	
9 AM	
10 AM	
11 AM	
12 PM	
1 PM	
2 PM	
3 PM	
4 PM	
6 PM	
7 PM	
8 PM	

IMPORTANT

COURSES OF STUDY

STUDY PLAN

Academic planner

Date:

M T W T F S S

Time	
6 AM	
7 AM	
8 AM	
9 AM	
10 AM	
11 AM	
12 PM	
1 PM	
2 PM	
3 PM	
4 PM	
6 PM	
7 PM	
8 PM	

IMPORTANT

COURSES OF STUDY

STUDY PLAN

Academic planner

Date:

M T W T F S S

| 6 AM |
| 7 AM |
| 8 AM |
| 9 AM |
| 10 AM |
| 11 AM |
| 12 PM |
| 1 PM |
| 2 PM |
| 3 PM |
| 4 PM |
| 6 PM |
| 7 PM |
| 8 PM |

IMPORTANT

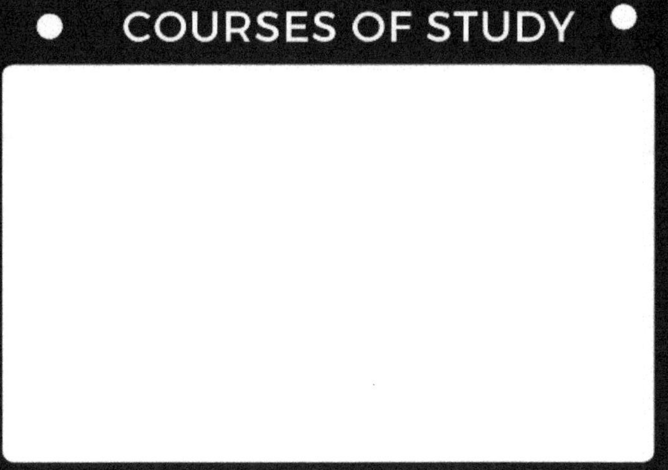

COURSES OF STUDY

STUDY PLAN

Academic planner

Date:
M T W T F S S

6 AM
7 AM
8 AM
9 AM
10 AM
11 AM
12 PM
1 PM
2 PM
3 PM
4 PM
6 PM
7 PM
8 PM

IMPORTANT

COURSES OF STUDY

STUDY PLAN

Academic planner

Date:
____

M   T   W   T   F   S   S

Time	
6 AM	
7 AM	
8 AM	
9 AM	
10 AM	
11 AM	
12 PM	
1 PM	
2 PM	
3 PM	
4 PM	
6 PM	
7 PM	
8 PM	

IMPORTANT

COURSES OF STUDY

STUDY PLAN

Academic planner

Date:

M T W T F S S

Time	
6 AM	
7 AM	
8 AM	
9 AM	
10 AM	
11 AM	
12 PM	
1 PM	
2 PM	
3 PM	
4 PM	
6 PM	
7 PM	
8 PM	

IMPORTANT

COURSES OF STUDY

STUDY PLAN

Academic planner

Date:

M   T   W   T   F   S   S

| 6 AM |
| 7 AM |
| 8 AM |
| 9 AM |
| 10 AM |
| 11 AM |
| 12 PM |
| 1 PM |
| 2 PM |
| 3 PM |
| 4 PM |
| 6 PM |
| 7 PM |
| 8 PM |

IMPORTANT

COURSES OF STUDY

STUDY PLAN

Academic planner

Date:

M T W T F S S

Time	
6 AM	
7 AM	
8 AM	
9 AM	
10 AM	
11 AM	
12 PM	
1 PM	
2 PM	
3 PM	
4 PM	
6 PM	
7 PM	
8 PM	

IMPORTANT

COURSES OF STUDY

STUDY PLAN

Academic planner

Date:
____

M   T   W   T   F   S   S

Time	
6 AM	
7 AM	
8 AM	
9 AM	
10 AM	
11 AM	
12 PM	
1 PM	
2 PM	
3 PM	
4 PM	
6 PM	
7 PM	
8 PM	

IMPORTANT

COURSES OF STUDY

STUDY PLAN

Academic planner

Date:

M T W T F S S

6 AM	
7 AM	
8 AM	
9 AM	
10 AM	
11 AM	
12 PM	
1 PM	
2 PM	
3 PM	
4 PM	
6 PM	
7 PM	
8 PM	

IMPORTANT

COURSES OF STUDY

STUDY PLAN

Academic planner

Date:

M T W T F S S

6 AM	
7 AM	
8 AM	
9 AM	
10 AM	
11 AM	
12 PM	
1 PM	
2 PM	
3 PM	
4 PM	
6 PM	
7 PM	
8 PM	

IMPORTANT

COURSES OF STUDY

STUDY PLAN

Academic planner

Date:

M T W T F S S

Time	
6 AM	
7 AM	
8 AM	
9 AM	
10 AM	
11 AM	
12 PM	
1 PM	
2 PM	
3 PM	
4 PM	
6 PM	
7 PM	
8 PM	

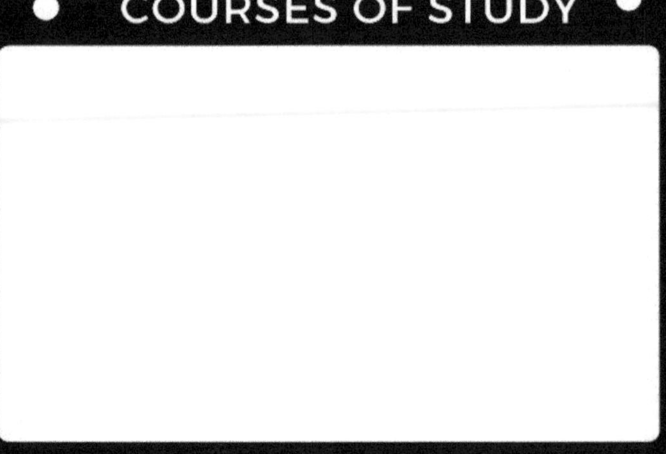

STUDY PLAN

Academic planner

Date:

M T W T F S S

6 AM

7 AM

8 AM

9 AM

10 AM

11 AM

12 PM

1 PM

2 PM

3 PM

4 PM

6 PM

7 PM

8 PM

IMPORTANT

COURSES OF STUDY

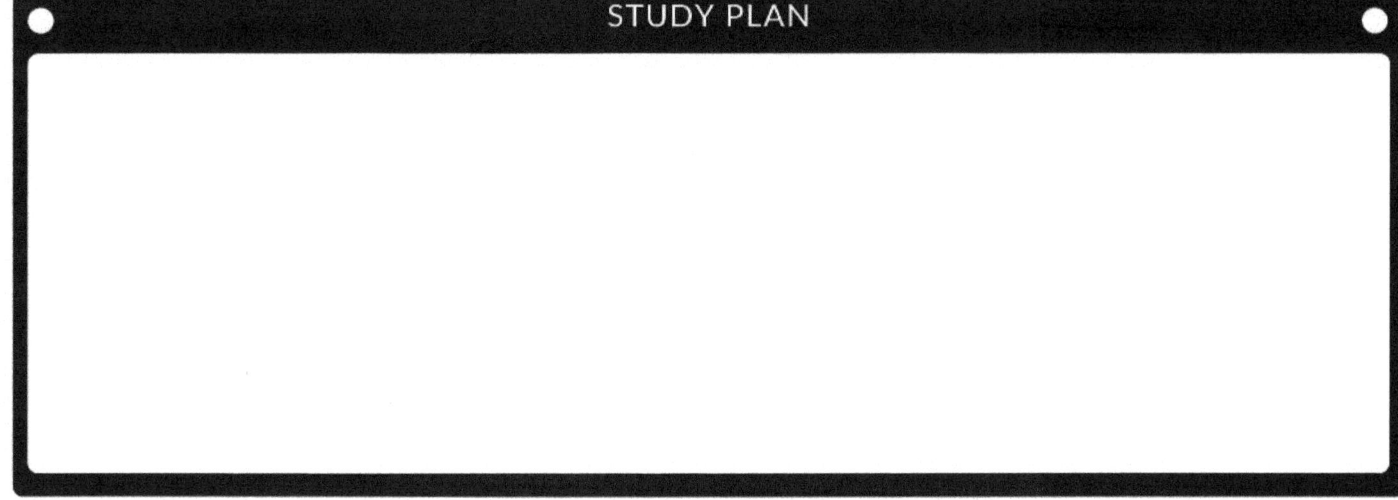

STUDY PLAN

Academic planner

Date:

M T W T F S S

6 AM	
7 AM	
8 AM	
9 AM	
10 AM	
11 AM	
12 PM	
1 PM	
2 PM	
3 PM	
4 PM	
6 PM	
7 PM	
8 PM	

IMPORTANT

COURSES OF STUDY

STUDY PLAN

Academic planner

Date:

M T W T F S S

6 AM	
7 AM	
8 AM	
9 AM	
10 AM	
11 AM	
12 PM	
1 PM	
2 PM	
3 PM	
4 PM	
6 PM	
7 PM	
8 PM	

Academic planner

Date:

M T W T F S S

6 AM	
7 AM	
8 AM	
9 AM	
10 AM	
11 AM	
12 PM	
1 PM	
2 PM	
3 PM	
4 PM	
6 PM	
7 PM	
8 PM	

IMPORTANT

COURSES OF STUDY

STUDY PLAN

Academic planner

Date:

M T W T F S S

6 AM	
7 AM	
8 AM	
9 AM	
10 AM	
11 AM	
12 PM	
1 PM	
2 PM	
3 PM	
4 PM	
6 PM	
7 PM	
8 PM	

IMPORTANT

COURSES OF STUDY

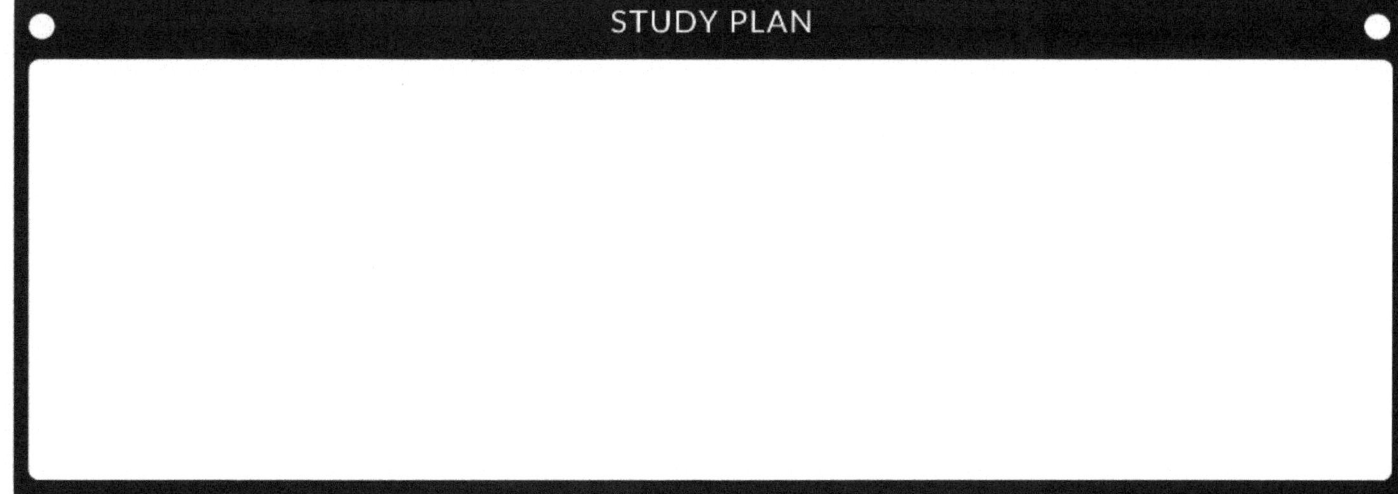

STUDY PLAN

Academic planner

Date:

M T W T F S S

6 AM	
7 AM	
8 AM	
9 AM	
10 AM	
11 AM	
12 PM	
1 PM	
2 PM	
3 PM	
4 PM	
6 PM	
7 PM	
8 PM	

IMPORTANT

COURSES OF STUDY

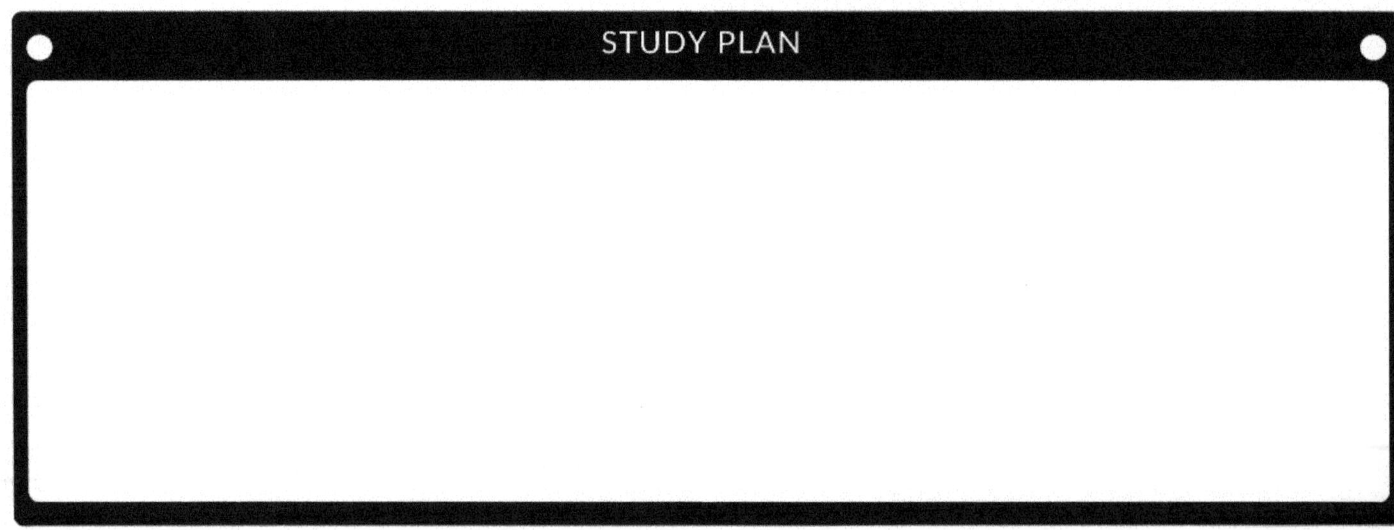

STUDY PLAN

Academic planner

Date:

M T W T F S S

6 AM	
7 AM	
8 AM	
9 AM	
10 AM	
11 AM	
12 PM	
1 PM	
2 PM	
3 PM	
4 PM	
6 PM	
7 PM	
8 PM	

IMPORTANT

COURSES OF STUDY

STUDY PLAN

Academic planner

Date:

M T W T F S S

6 AM	
7 AM	
8 AM	
9 AM	
10 AM	
11 AM	
12 PM	
1 PM	
2 PM	
3 PM	
4 PM	
6 PM	
7 PM	
8 PM	

IMPORTANT

COURSES OF STUDY

STUDY PLAN

Academic planner

Academic planner

Date:

M T W T F S S

6 AM	
7 AM	
8 AM	
9 AM	
10 AM	
11 AM	
12 PM	
1 PM	
2 PM	
3 PM	
4 PM	
6 PM	
7 PM	
8 PM	

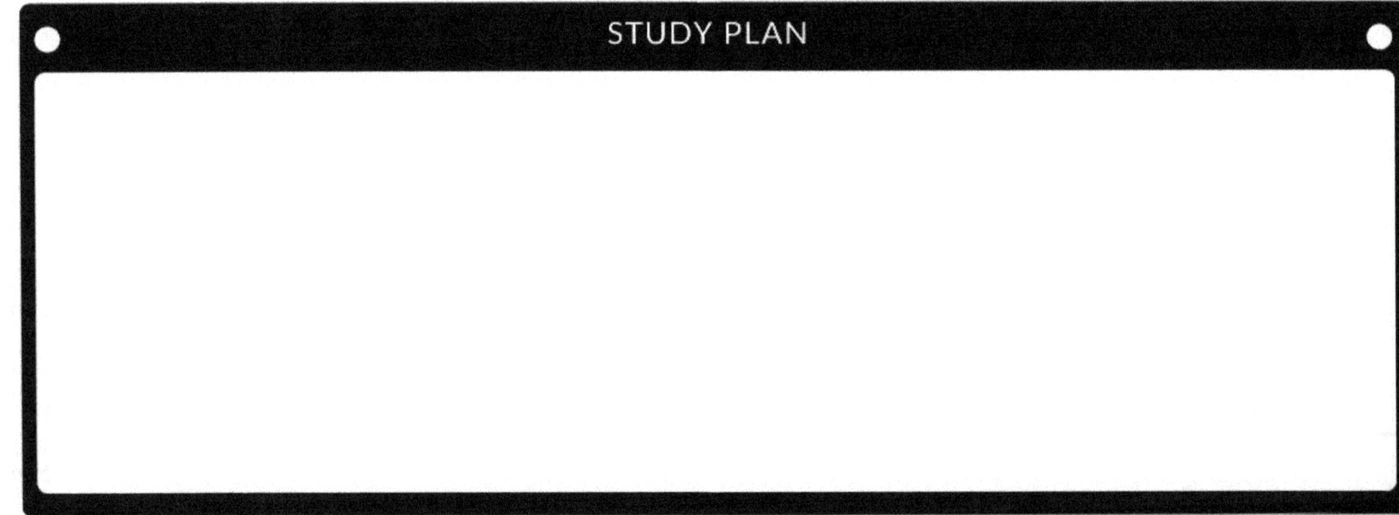

Academic planner

Date:
____

M T W T F S S

6 AM	
7 AM	
8 AM	
9 AM	
10 AM	
11 AM	
12 PM	
1 PM	
2 PM	
3 PM	
4 PM	
6 PM	
7 PM	
8 PM	

Academic planner

Date:

M   T   W   T   F   S   S

6 AM	
7 AM	
8 AM	
9 AM	
10 AM	
11 AM	
12 PM	
1 PM	
2 PM	
3 PM	
4 PM	
6 PM	
7 PM	
8 PM	

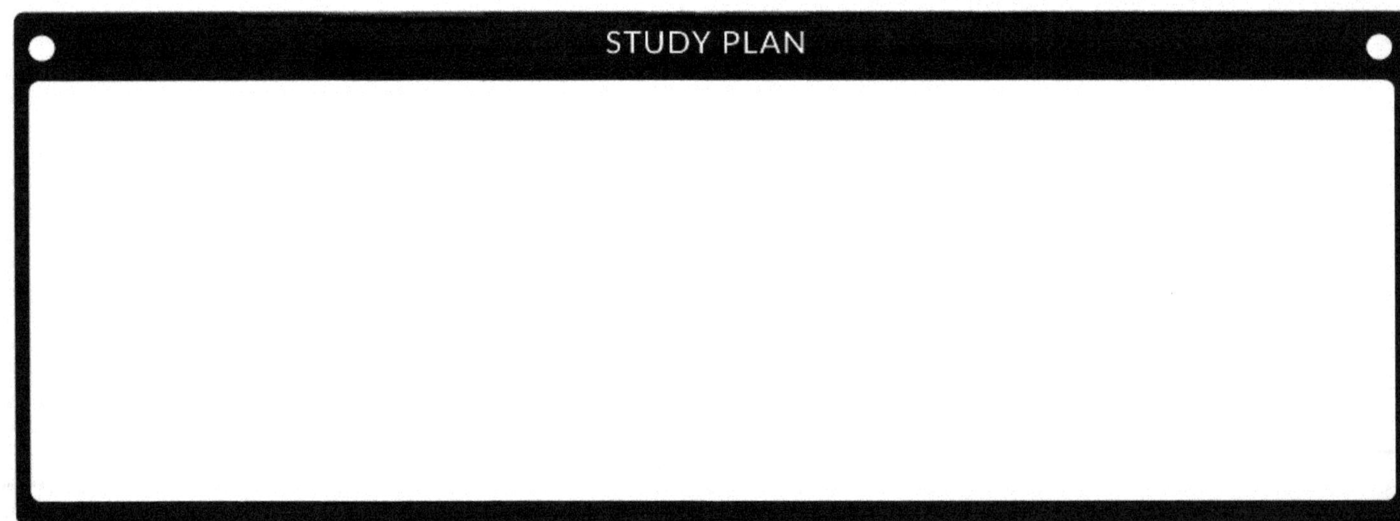

Academic planner

Date:
____

M   T   W   T   F   S   S
●   ●   ●   ●   ●   ●   ●

Time	
6 AM	
7 AM	
8 AM	
9 AM	
10 AM	
11 AM	
12 PM	
1 PM	
2 PM	
3 PM	
4 PM	
6 PM	
7 PM	
8 PM	

IMPORTANT

COURSES OF STUDY

STUDY PLAN

Academic planner

Date:

M T W T F S S

6 AM

7 AM

8 AM

9 AM

10 AM

11 AM

12 PM

1 PM

2 PM

3 PM

4 PM

6 PM

7 PM

8 PM

IMPORTANT

COURSES OF STUDY

STUDY PLAN

Academic planner

Date:

M T W T F S S

6 AM	
7 AM	
8 AM	
9 AM	
10 AM	
11 AM	
12 PM	
1 PM	
2 PM	
3 PM	
4 PM	
6 PM	
7 PM	
8 PM	

IMPORTANT

COURSES OF STUDY

STUDY PLAN

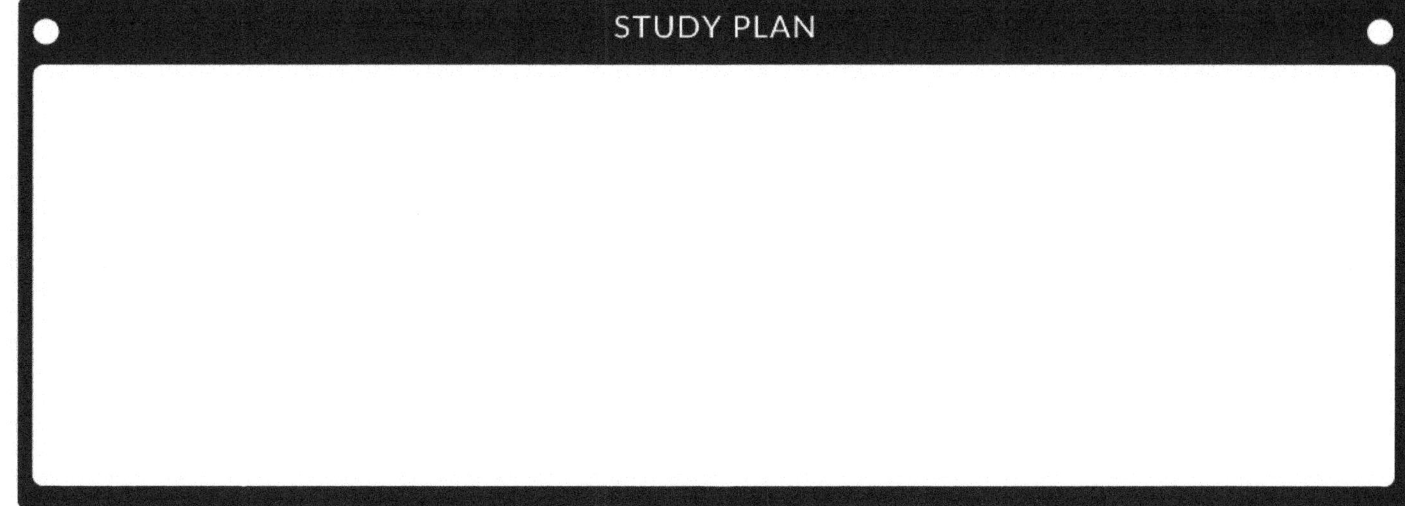

Academic planner

Time	
6 AM	
7 AM	
8 AM	
9 AM	
10 AM	
11 AM	
12 PM	
1 PM	
2 PM	
3 PM	
4 PM	
6 PM	
7 PM	
8 PM	

IMPORTANT

COURSES OF STUDY

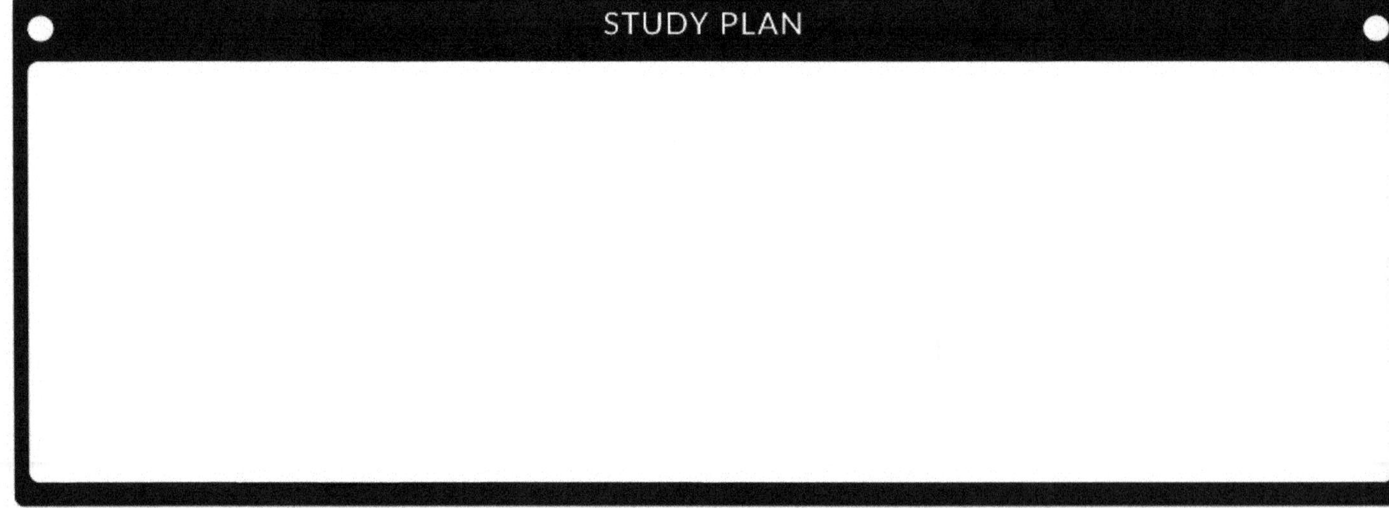

STUDY PLAN

Academic planner

Date:
____

M   T   W   T   F   S   S

Time	
6 AM	
7 AM	
8 AM	
9 AM	
10 AM	
11 AM	
12 PM	
1 PM	
2 PM	
3 PM	
4 PM	
6 PM	
7 PM	
8 PM	

Academic planner

Date:

M   T   W   T   F   S   S

| 6 AM |
| 7 AM |
| 8 AM |
| 9 AM |
| 10 AM |
| 11 AM |
| 12 PM |
| 1 PM |
| 2 PM |
| 3 PM |
| 4 PM |
| 6 PM |
| 7 PM |
| 8 PM |

IMPORTANT

COURSES OF STUDY

STUDY PLAN

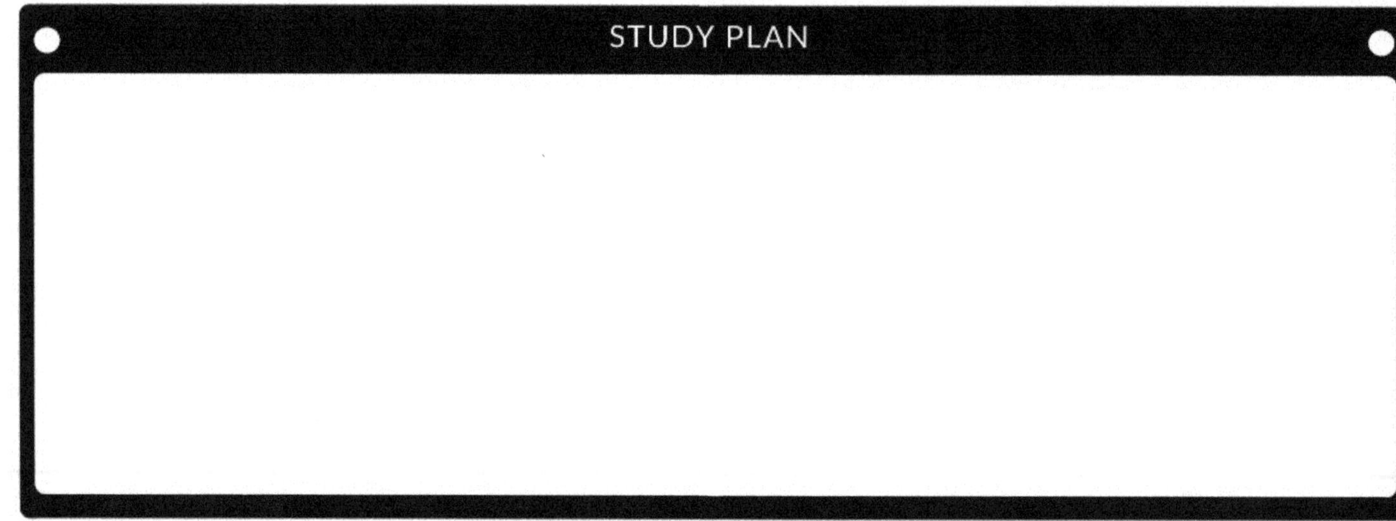